孔颜乐道

中国人的幸福心理学

解真 著

上海社会科学院出版社

图书在版编目(CIP)数据

孔颜乐道:中国人的幸福心理学/解真著.—上海:上海社会科学院出版社,2018
ISBN 978-7-5520-2516-3

Ⅰ.①孔… Ⅱ.①解… Ⅲ.①儒家-幸福-应用心理学-通俗读物 Ⅳ.①B82-49

中国版本图书馆 CIP 数据核字(2018)第 257969 号

孔颜乐道:中国人的幸福心理学

著　　者：解　真
责任编辑：周　霈
封面设计：夏艺堂
出版发行：上海社会科学院出版社
　　　　　上海顺昌路 622 号　邮编 200025
　　　　　电话总机 021-63315900　销售热线 021-53063735
　　　　　http://www.sassp.org.cn　E-mail:sassp@sass.org.cn
照　　排：南京理工出版信息技术有限公司
印　　刷：上海信老印刷厂
开　　本：890×1240 毫米　1/32 开
印　　张：8.25
字　　数：199 千字
版　　次：2019 年 3 月第 1 版　2019 年 3 月第 1 次印刷

ISBN 978-7-5520-2516-3/B·252　　　　　　定价:48.00 元

版权所有　翻印必究

推荐序

《孔颜乐道：中国人的幸福心理学》是一部以当代心理学眼光，整合中国儒家文化视角，探索当代中国人当前生活发展，延续和吸取过去自身文化传统，并以当代语境阐述的专著。作者解真老师的学识、探索的勇气十分令人敬佩。

记得当年阅读文化人类学名著《金翼》，之后又阅读延续《金翼》研究的《银翅》，在阅读这两本对同一地区的社会文化探索研究资料后，我感受到一种强烈的文化断裂。中国社会，在晚清遭遇殖民主义的文化入侵，之后经由五四运动等社会文化变革，的确带来了国家和民族的强盛，但一部分传统文化和精神正在遗失，而它们其实是我们文化中很美好的东西。在当代中国社会，物质文明发展丰富的同时，我们的精神困扰也随之而来，这有来自当代社会文化变迁中的压力，也有来自我们对过去文化传承的断失。我想，解真老师的这部《孔颜乐道：中国人的幸福心理学》就是对此的回响之声，探索如何将文化传承中的意义加入到我们当代中国的精神生活中来。

幸福心理学和积极心理学是近年来美国心理学界所提出的概念，但在美国这样只有短暂历史文化的土地上所提出的幸福心理学、积极心理学中的幸福概念，对于中国社会是否是适合的，是否是适合我们文化的幸福？后殖民文化会广泛地认为这就是人类进步的标志而快速认同，但其实国内的一些有识学者对此是有怀疑的。例如，美国社会人们与原生家庭的分离从青春期即开始，之后与父母关系只是每年见一次面的个人主义的幸福，真的适合中国社会吗？我会觉得这种模式就中国社会来说至少是一种亲情的隔离。所以发展一种属于中国文化的幸福研究是十分有意义的事情。

又如近年来西方吸取亚洲的佛教正念方法，改造成为心理学正念，反哺中国社会而让不少人认为发现了幸福的宝藏，但其实这些在我们的文化传统中从来不缺乏。中国社会历来都有内省静坐传统，在近代逐渐断绝，但被现代化包装后反而能够被人接受。所以，发展中国文化下的幸福学也是立足现代语境，延续中国传统文化的工作，甚至是一种传承的复兴。

《礼记·中庸》云："天命之谓性，率性之谓道，修道之谓教。道也者，不可须臾离也，可离非道也。是故君子戒慎乎其所不睹，恐惧乎其所不闻。莫见乎隐，莫显乎微。故君子慎其独也。喜怒哀乐之未发，谓之中；发而皆中节，谓之和。中也者，天下之大本也；和也者，天下之达道也。致中和，天地位焉，万物育焉。"我认为"致中和"就是儒家所提出的一种实现幸福之愿景，我们的传统文化愿景不是一个人的幸福，乃是大同的幸福，其乐融融也。换作现代语境来说，这是大家一起的幸福，而不是不顾及他人的个人幸福。这种实践本身也包含着一种深厚的幸福。这些都是我们可以在中国传统文化中去发现的。对于一个有几千年历史的文化传统来说，我们的先人其实发展了许多幸福之道，有《大学》一样做人的幸福之道，也有琴、棋、书、画、剑、诗、歌、茶、酒、花、香、坐忘等幸福之法。而解真老师的著作中延续了这些，同时还整合了聚焦、人本主义、正念等不少思想和工作方案来进行阐述和补充。

解真老师的这部著作,以儒家文化为主导,联合积极心理学、当代心理疗法发展中与中国本土文化相互顺应的部分,是目前国内基于儒家传统文化与现代心理学对话整合及实际运用方法的一种先锋尝试,也是对当下亚洲社会学术圈后殖民主义盲目认同西方文化的反思,十分可贵。虽然中国本土的幸福心理学可能还有不短的路要走,但解真老师的这部著作无疑迈出了一步。我推荐对传统文化与当代心理学有兴趣的心理工作者,心理学爱好者,对生活品质有提高意愿的读者阅读此书,并在书中发现你所需要的精华。

徐钧

2019年3月,中国 Focusing 中心

前言：孔颜乐处，中国人的幸福源泉

保持快乐，这是个难题

人人都想得到幸福和快乐，趋乐避苦是一切生物的本能。尽管许多思想家、哲学家、文学家都在哀叹人生的痛苦，但一切的人生哲学，最后落脚点永远在如何才能获得"真正的快乐"上。只是有的人将快乐落实在感官的愉悦上；有的人将快乐落实在权力或名誉上；有的人将快乐落实在思想的感悟上；有的人将快乐落实在知识的获得上；有的人将快乐落实在美德和善行上；有的人将快乐落实在超验的体悟上；有的人将快乐落实在天国、彼岸或者来生上。即使如佛教认为"苦"是人生一切的根本，所追求的仍然是"灭苦"之道，以获得最终极的"大欢喜"。对于快乐，之所以会有如此多的分歧，都是因为快乐难得而易逝，幸福总是遥不可及。

曾经我们认为财富的增加、生活的改善和社会的发展，人应该越来越幸福，但事实却并非如此。美国心理学会前主席、著名心理学家马丁·塞利格曼的一项调查结果表明：富裕国家的一切几乎都好于50年前，住房面积更大、拥有汽车更多、接受教育的机会更多、文化娱乐生活更丰富、人均期望寿命更高，然而，较过去50年患抑郁症的人却在增多，而且越来越年轻化，国民幸福感的增加远远赶不上客观世界的进步[1]。而中国目前也面临着这样的问题。很多人在感叹,为什么经济状况变得越来越好,而我们的精神状况却出现了问题?

如果追根溯源,无论是从人类进化的角度看,还是从社会文化的角度看,人都不是为"快乐"而生的。

人一出生,就带着积极的和消极的两种情绪体验。悲伤、愤怒、焦虑、恐惧等消极的情绪体验,让我们感到痛苦,希望越少越好。快乐、喜悦、幸福等积极的情绪体验,让我们感到舒服,希望越多越好。但是,如果想一想人类先祖所生活的丛林,在那种险恶的环境下,消极心理就显得非常有价值。

恐惧让人及时察觉危险并设法逃跑,悲伤让我们察觉丧失并采取补救措施,愤怒让我们察觉侵犯并奋起反抗。危险、丧失、侵犯都可能影响到人类先祖的生死存亡,而消极的情绪体验让人类的祖先躲过了无数的危险,得以进化下来。甚至有种说法,在漫长的冰河时期,能够存活下来的人类祖先都是那些悲观者,因为他们对未来总是抱持着悲观的想法,所以才会不断为未来糟糕的天气做准备。而那些对未来天气过于乐观的人类,则被越来越恶劣的天气夺去了生命,于是我们身上留下的,大部分都是悲观者的基因。

即使在现代社会,消极的情绪仍然是我们的重要生存功能,无论是在意外发生时,还是在危险逼近时,这些消极情绪都会使我们快速调动机体的潜在能量,使全身进入应急状态。

这种进化的特性,决定了我们这些能够繁衍下来的人类,先天都带有"负面偏好"。我们的大脑会主动去搜寻各种负面反应,以及

---

[1] 马丁·塞利格曼.持续的幸福.赵昱鲲,译.杭州:浙江人民出版社,2012:77.

时回应威胁和侵犯。这个心理原则几乎贯穿我们生活的方方面面：一件坏事总是比一件好事对我们的影响更长久；坏心情永远比好心情更能引发我们相关的思维和记忆；别人夸奖我们一百句，我们可能觉得理应如此，但别人批评一句，却可能使我们郁闷很久；一场欢乐的晚宴，可能毁于一个被打翻的酒杯；一锅美味的鲜汤，可能毁于一根掉落的头发；健康时候，我们认为理所当然，当有一点小病痛，整个世界都变得灰暗……

从进化的角度来看，人类就应该拥有更多消极的情绪体验，就应该不快乐，不仅如此，我们似乎还要对这些消极情绪抱以感恩的心态。于是，我们也形成了各种以苦为乐的文化，如孟子说："生于忧患，死于安乐"；民间俗语说："吃得苦中苦，方为人上人"等。过于乐观的人会显得不够成熟，会让人想起扶不起的刘阿斗，或精神胜利的阿 Q。这一切会让我们对过于乐观的情绪产生怀疑的态度，让我们感觉快乐是不好的、有害的，在无意识当中形成压抑快乐、拒绝快乐的心态。

诚然，消极的心理机制让人类得以存活并繁衍到现在，那些悲观的文化观念让我们保持警醒、居安思危。但这也并不意味着，我们就应该逆来顺受地接受消极情绪的困扰，因为我们现在已经不再生活在丛林里了。生活环境的改变，使我们并不需要时刻警惕那么多的危险，我们其实可以去让自己过得更快乐一些。

快乐是可以选择的

现代社会最大进步，就是逐渐摆脱了生存困扰，人类面临的问题不再是如何使自己能够生存下来，而是如何更好地生活下去，以前的人类可能更重视的是生存，而现代的人更看重的是生活的品质。

当代众多的心理学实验也越来越多地证实，积极的心理状态和良好的情绪体验，对人类的生存和发展具有更大的意义和价值。

2017年10月，中国国家统计局发布数据显示：我国2016年居民恩格尔系数为30.1%，只差0.1个百分点就达到了联合国划分的20%～30%的富足标准。从整个社会面来看，我们目前不仅摆脱了温饱问题，社会的安定程度也处在一个较高的水平，生存的威胁可以说是非常少的。在这种情况下，人们似乎已经没必要再时时以消极情绪来对自己发出警告，而是应该更多地去追求幸福的体验。

那么追求幸福快乐，会不会让我们变得迟钝、幼稚甚至堕落呢？心理学家马丁·塞利格曼在其著作《活出最快乐的自己》一书中，引用了大量的实证研究来说明，乐观心态对于现代人的重要性。比如：乐观的运动员更容易赢得比赛；乐观的领袖更容易赢得民心；乐观的孩子更容易取得好成绩；乐观的人更健康、寿命更长；甚至一个整体乐观的组织更容易获得成功。

美国曾经进行一个长达30年的追踪实验，结果发现，悲观型的人总体健康状况较平均水平差，死亡率明显高于团体平均数，接受医院和心理治疗的次数也高于平均水平，而乐观型的人情形则正相反，这说明悲观型的人格并不利于人类的长远发展[1]。密歇根大学的弗雷德里克森教授认为："积极情绪在进化过程中是有其目的的，它扩展了我们智力的、身体的以及社会的资源，增加了我们在威胁或机会来临时，可以动用的贮备"。

事实上，当我们感受到消极情绪时，我们的反应和选择会变得狭窄，我们会匆忙地躲避危险，从而限制了我们的选择范围。相反，

---

[1] 任俊.积极心理学.上海：上海教育出版社，2006：19.

积极情绪代表安全,允许我们扩大选择的范围①。总的来说,乐观的心理和积极的情绪可以促进人际关系,扩展心智和视野,增加我们的包容性和创造力,使我们更容易接受新的想法和经验②。心理学家泰格认为,乐观是一种"进化的心理机制"③,是促使人类不断进化的一种自然奖励机制。

从更宏观的层面来说,积极情绪和消极情绪最关键的区别在于,积极情绪是在为非零和博弈做准备,而消极情绪是在为零和博弈做准备。也就是说,当面临着你死我活、非生即死的零和博弈,一方的收益必然导致对方的损失时,消极情绪是有优势的。而在资源相对丰富、机会较多的情境下,采取积极情绪更有可能获得双赢的结果。根据已有的论证,社会越文明,社会制度就越趋向于非零和博弈。积极的情绪更有利于建立良好的人际关系,提高社会合作机会,带来社会的稳定和繁荣。

其实无论是乐观还是悲观,无论是积极情绪还是消极情绪,对我们来说都是重要的。它们都在各种不同的情境帮助我们完成任务、实现目标。在马丁·塞利格曼看来,乐观完全是一项可以学习的技术,你可以选择什么时候让自己变得乐观和快乐,也可以选择在什么情况下让自己保持谨慎,不盲目乐观。比如,在你想要成功、升职、推销产品、完成一项困难的工作、赢得一场比赛、想要领导别人、激励他人等情况下,你要多多地使用乐观的技术;而在为一件不容有失的事情做计划,或者为陷入困境的人表示同情时,就不要

---

① 克里斯托弗·彼得森.积极心理学.徐红,译.北京:群言出版社,2010:41.

② 马丁·塞利格曼.真实的幸福.洪兰,译.杭州:浙江人民出版社,2010:41.

③ 克里斯托弗·彼得森.积极心理学.徐红,译.北京:群言出版社,2010:84.

运用乐观技术。当你感到长时间的焦虑，或者抑郁已经影响了你的生活，或者身体因负面情绪出现了问题时，你应该放下一切，尽快地使用乐观技术让自己摆脱困境①。

培养乐观的态度决不是让我们变成自我夸大、不负责任的人，对许多事情盲目乐观，或者一味地自我麻痹。而是让我们明白什么时候应该乐观，什么时候应该不要那么乐观。对于快乐与否，我们需要保持清醒，有着自知之明。当明确没什么真实的危险存在时，我们应该顺应着生命的感受，使自己保持心境舒畅。当真的有危险存在时，我们也要能及时察觉，并让自己随时可以进入敏锐的状态。这看起来好像很难，但这也正接近于我们儒学古老的心性学传统——孔颜乐道。

有一种快乐，叫作孔颜之乐

据说宋代程颢、程颐兄弟向周敦颐求学圣人之道时，周敦颐便让他们"**寻颜子、仲尼乐处，所乐何事**"，就是看看孔子和颜回所谓的快乐到底是什么，这便是"孔颜乐道"的来历。

提到孔子或者儒学，我们总是想到那是圣人之学。历来对儒学的解读也是仰之弥高，钻之弥坚。或言立功、立德、立言的"三不朽"；或言齐家、治国、平天下；或言"为天地立心，为生民立命，为往圣继绝学，为万世开太平"，凡此等等，由于标举过高，往往使人望而生畏，以为圣人难学，儒门难入。王阳明有几个学生给别人讲课，人们都不愿意听，于是他们就跟王阳明反映这个情况。王阳

---

① 马丁·塞利格曼.活出最乐观的自己.洪兰，译.杭州：浙江人民出版社，2010：192.

明说:"你们搬出一个圣人来讲学,人们看到圣人来了,都害怕得走了,怎么能讲得通。"可见,提到"圣人"二字就发怵,也是古已有之。

时至今日,儒学与当代的联系似乎已恍若前世今生。即使有,要么是阳春白雪,纯学术的探讨,多半被束之高阁;要么是下里巴人,解读为"知足常乐",适足使人意志消沉而已。然而,究孔子之真意,不过是如何**快乐地做人**而已。其所谓的圣人、贤人、仁者、成人等,是孔子所认为的理想人格,是人人所应努力的方向,并不是要人非达到不可。这好比我们鼓励学生和员工,要人人争当先进,但事实上,最终成为先进个人或标兵的,只能是少部分人。但就是在这个争当的过程里,每个人都得到了提升。所以目标并不重要,重要的是这个自我提升的过程,或者说,这个过程本身就是目的。而在这个过程当中,孔子始终贯穿的是一个"乐"字(读 luo,音同洛)。

《论语》的开篇是三句话:"学而时习之,不亦说乎?有朋自远方来,不亦乐乎?人不知,而不愠,不亦君子乎?"这说了三件事情:学了又时常温习很快乐;有好友从远方来很快乐;人家不了解我,我不生气。论语开篇,就为儒学定下了一个乐观基调。孔子对自己的评价是:"其为人也,发愤忘食,乐以忘忧,不知老之将至云尔",又说"饭疏食饮水,曲肱而枕之,乐亦在其中矣"。他的弟子也说孔子平时闲居时"申申如也,夭夭如也",也就是看起来很和乐的样子。对于生活中很多事,孔子往往都是以快乐与否来评价好坏,如"**学之者不如好之者,好之者不如乐之者**"。可见"乐"本身就是孔子最重要的生活状态。

对于程氏兄弟的求学,周敦颐没有说什么经天纬地的大道理,也没有说什么深刻高妙的手段,只是让这对好学的兄弟找到快乐,于是求圣学之道就是寻找快乐之道。人心都是趋乐避苦的，能在乐中提升自我，在乐中成就自我，那又何乐而不为呢？

西方当代心理学正在掀起一场所谓的"幸福革命"。鉴于传统心理学的研究目标一直聚焦在病理性模式上，只关注心理问题和精神障碍的治疗，而忽视健康心理和心理问题的预防，心理学家们提出建构积极心理学理论，以摆脱目前治疗手段越多，而心理问题越多的问题。

积极心理学倡导通过了解和发展人的优势、能力以及美德，培养和开发乐观技术和应对困难的方法，促使人在任何情境下保持健康心理状态。经过十几年不懈努力，大批优秀的心理学家进行了大量的实证研究，逐渐积累出丰富的研究成果，对人们幸福心理的发展有了全新的认识，显示出了非常强劲的生命力。

当我们回望自身的心理学资源时，在2000多年的漫长时期里，作为显学的儒学就显得尤为重要。当代心理研究的发展趋势，已经不期然与古老的儒学汇合。儒学究其根本，就是让人顺着生命发展的规律，充分发挥内在的善的潜质，以达到完美的人格，构建和谐人际关系，让自己的内心保持于中和的乐境，在此基础上积极地实现自我，乃至超越自己，达到天人合一的精神境界。而这个生命的过程，概括地说就是"孔颜乐道"。它与积极心理学所研究和倡导的内容，如人的优势、能力、美德以及婚姻家庭、社会关系等，都有着非常高的契合度。如果说积极心理学是西方社会的幸福心理学，那么，中国儒家的心性学就是东方社会的幸福心理学。

孔颜乐道的当代意义

有人说21世纪是心理学的世纪，这其实也就是在说21世纪是心理问题的世纪。从孔子开始,儒家思想代代相传,并且不断发展,已经深深地融入了中国的政治、文化、经济等各个领域,深刻地影响着中国人的言行、思想、为人处事的方方面面。用一位西方精神分析师的话说,"中国人已经不必通过记住孔子的话来帮助一个人改变其行为,这些话本身就已经成了个体自我的构成部分,个体本来就会按照这些话去做,儒学对于中国人来说已经是一种遗传式的习得"[1]。儒学是中国2000多年来的主流思想,解决中国人的心灵问题,不可能绕过儒家的心性之学。而儒家的心性之学之所以对当代人仍然有其意义,可以简单从以下3个方面来说明,但实际决不限于这3个方面。

一、儒学倡导积极入世,这一点更符合现代社会的普世价值。儒学有一个非常重要的特点,就是致力于构建更切合实际、更加乐观的人生态度,这与其他宗教要么强调出世,要么强调原罪和赎罪有着很大的区别。儒学所提倡的大多数价值观在今天仍然具有普世意义。如为人要"**自强不息**",待人要"**己所不欲,勿施于人**",对待财富则是"**不义而富且贵,于我如浮云**",对待政治则认为"**民为贵,社稷次之**",等等。

二、儒学特别注重追求人的精神超越,可以说是**以入世精神而行非功利之事**,这一点能够弥补现代人心灵空虚的问题。信仰缺失、精神空虚和人生意义的失落是现代人的主要心理问题。正如心理学家弗兰克所说:"'存在的空虚'是二十世纪的一种普遍现象。因为人类要成为真正的'人'时,必须经历双重的失落,以及由此而产生存在的虚无。人类历史之初,'人'就丧失了一些基本的动物性本

---

[1] 克里斯托弗·博拉斯. 精神分析与中国人的心理世界. 李明,译. 北京:中国轻工业出版社,2015:84.

能,而这些本能却深深嵌入其他动物的行为中,使它们的生命安全稳固。这种安全感就如同伊甸乐园一样,永远与人类绝缘,人必须自作抉择。除此之外,人类在新近的发展阶段中,又经历到另一种失落的痛苦,即一向作为行为支柱的传统已迅速地削弱了。本能冲动不告诉他应该做什么,传统也不告诉他必须做什么,很快他就不知道自己要做什么了。"①

弗兰克所描述的,正是我国当下存在的社会现象。一方面,传统的价值观不再被当代人所接受,于是人们转向另一方面,过度地追求物质享乐,但这也并不能真正的缓解因传统价值失落而带来的精神空虚问题。如何使人生变得充满意义感和价值感,既是哲学问题,也是心理学问题。而儒学根植于我国传统"天人合一"的思想,强调对心性的修养,使人从日常生活出发,从自身的天性出发,通过不断地实践与完善,最终达到"与天地合参,与造化同工"的人生境界,实现凡俗生活与灵性生活高度统一,正可解决上述现实问题。

三、儒学切实可行,可以与现代心理学相互借鉴。蒙培元将中国哲学定义为"心理学-形上学的心灵学","既有经验心理的内容,又有超越的形上追求"②。当代大儒梁漱溟也说:"凡是一个伦理学派或一个伦理思想家,都有他的一种心理学为其基础,或说他的伦理学,都是从他对于人类心理的一种看法,而建树起来""如果我们不能寻得出孔子的这套心理学来,则我们去讲孔子即是讲空话""所以倘你不能先拿孔子的心理学来和现在的心理学相较量、相勘对,亦

---

① 维克多·弗兰克.活出意义来.赵可式,沈锦惠,译.北京:生活·读书·新知.三联书店,1991:90.
② 蒙培元.心灵的境界与超越.北京:人民出版社,1998:13.

不必说到发挥孔子的道理。"① 以往将儒学标举过高，而切实的修养工夫却很少有系统的论述，致使人们都认为儒学不过是一些道德教条，使人望而生厌，不愿意去深入地了解。但其实历代的儒家学者都不乏对心性修证的切实功夫。

而现代心理学从1879年德国学者冯特建立第一个心理实验室算起，到现在已经发展了100余年，其间流派纷呈，大师辈出，都为人类的心理健康作出了卓越的探索。近代以来，西方宗教式微，而西方哲学由于过于重视理性思辨，忽视切身体验，都不能给人以心灵的滋养。在这样的背景下，心理学从哲学和医学中脱颖而出，无意中承担了这个重任。但问题是，现代心理学毕竟是以治疗疾病为主要目标，在解决健康人群的心灵问题方面，存在着先天不足。同时，由于跨文化研究的问题，而产生理论有效性的偏差。

在这种情况下，心理学向传统文化中汲取有益的营养，找到适合自己本民族心理特征的研究方向，有着非常实际的意义。而作为不同民族的心灵传统，也需要有现代心理学的实证研究为佐证，以纠正主观判断的弊病。在中国当前的这个历史节点上，儒学正逢其时。

这本书主要说什么

本书专注于儒学中的心理学取向，也就是心性学的内容，主要对历代学者关于心性修养的内容进行梳理，择其要点，重在实修，不作迂腐道德说教，力求切实可行，以使人们了解儒学并非不切实际的空中楼阁，而确乎是可以带来实际效用、并且是有章可循的自

---

① 梁漱溟.人心与人生.上海：上海人民出版社，2011：2.

我完善、自我成长的方法。全书立论主要是以梁漱溟"人类心理学"的观点为主干,特别是对人心的解释和对儒学的理解上,基本上与梁漱溟的观点一致。同时,以现代心理学的理论与实验相佐证,融会贯通。现代心理学部分以人本主义取向为主,强调自我实现的内在潜力,在论证上,则多采用积极心理学的研究成果,以弥补传统心性学缺乏实证的弊端。对其他各种心理学流派的理论,也不设门派的壁垒,只要是可资借鉴的,也都列举说明,只为给读者提供更多的视角。全书不涉及政治,也较少谈论伦理道德,除非是与人的心理成长有相关性。每章之后附有一篇"练习",基本是取自现代心理学的方法,但与书中内容也息息相关,以增强本书的实用性和操作性。

  本书第一章首先介绍什么是孔颜之乐,以及如何用现代心理学来理解孔颜乐道;第二章主要论述人心的特征和习气,理解人性当中存在的进化张力,并针对人心的这种特征,提出传统修证孔颜乐处的途径;第三章谈古代儒家静坐调心的方法,以及在心理学中的应用机制;第四章谈自诚,论述内外一致的心理意义;第五章谈自主,讨论如何遵从内在的愿望,面对真实的自我;第六章谈自新,讨论如何发展人心求新求变的特性,满足人的发展需要;第七章探讨传统礼乐的象征意义及其对心理的转化促进作用;第八章讨论儒学"亲其所亲""推己及人""仁者爱人"等伦理思想在心理学中的实用价值;第九章探讨传统天人合一的观念对现代人的启示。第十章主要论述在纷繁复杂的当下,如何正确地运用直觉,使天性自然流淌,从而有效地实践孔颜乐道。

目录 Contents

推荐序 / 1

前言：孔颜乐处，中国人的幸福源泉 / 1
    保持快乐，这是个难题 / 1
    快乐是可以选择的 / 3
    有一种快乐，叫作孔颜之乐 / 6
    孔颜乐道的当代意义 / 8
    这本书主要说什么 / 11

第一章 孔颜之乐，所乐何事 / 1
    何谓孔颜之乐 / 1
    孔颜之乐不是感官愉悦 / 5
    孔颜之乐不是外在的追求 / 10
    孔颜之乐是人心的畅达 / 13
    孔颜之乐是实现倾向的达成 / 18
    孔颜之乐是生命自然流动的满意感 / 25
    练习：功过格与快乐日记 / 29

第二章　人心两面，习气困扰　/ 32

　　人性的张力　/ 33
　　认识我们的习气　/ 38
　　习气并非不好　/ 41
　　习气的固着与扭曲　/ 44
　　身体上的习气　/ 48
　　情绪与情感的习气　/ 52
　　认知与思维的习气　/ 55
　　习气的连锁反应　/ 57
　　习气的对治　/ 59
　　练习：自我省察与理性情绪 ABCDE　/ 64

第三章　存养调心，守静之乐　/ 69

　　心斋坐忘与明心见体　/ 69
　　求放心与息思虑　/ 72
　　高攀龙的静坐法　/ 76
　　传统的静坐省克　/ 82
　　静坐在心理学中的应用　/ 87
　　静坐与心流体验　/ 91
　　练习：静坐调心与正念练习　/ 94

第四章　内外一致，存诚之乐　/ 99

　　诚是人追求真实的天性　/ 99
　　不欺人　/ 102
　　不自欺　/ 105
　　曲能有诚　/ 107

面对真实的自我　/ 109
练习：阴影处理　/ 113

第五章　反求诸己，自主之乐　/ 117
为己的三个意思　/ 117
自主是人的天性　/ 120
自主带来更多幸福感　/ 123
从心所欲不逾矩　/ 126
练习：归因风格　/ 128

第六章　生生不已，日新之乐　/ 131
自新是进化的特征　/ 131
创新使人更快乐　/ 135
在工作中实现自我升华　/ 138
在休闲中体味变化的乐趣　/ 140
在学习中成为更好的自己　/ 143
每天进步一点点　/ 145
练习：品味　/ 148

第七章　礼乐生活，和中之乐　/ 153
礼乐的心理象征意义　/ 153
乐教对人格的陶冶　/ 157
音乐的疗愈作用　/ 160
艺术对心理的促进作用　/ 163
礼的情感调节与心理转化　/ 167
练习：曼陀罗绘画　/ 169

第八章　推己及人，居仁之乐　/ 171

亲其所亲　/ 172

孔子的婚恋观　/ 177

推己及人的人际关系法　/ 181

仁者爱人　/ 183

不要做乡愿　/ 186

练习：仁爱冥想　/ 188

第九章　天人合一，感通之乐　/ 193

天人合一的儒学解读　/ 194

人和万物是一体的　/ 196

毋意必固我　/ 199

人需要自我的超越　/ 202

有终极价值的人更幸福　/ 204

练习：整体聚焦　/ 207

第十章　一任直觉，率性之乐　/ 211

充满矛盾的当下　/ 211

合下即是与现成良知　/ 214

新儒家的直觉　/ 217

运用身体的智慧　/ 220

直觉的利钝　/ 225

一任直觉，天道流行　/ 228

练习："止定静安虑得"与聚焦六步　/ 230

后　记　/ 234

第一章
孔颜之乐，所乐何事

人言寻乐要寻真，试把真寻看古人。
弄月吟风方着意，傍花随柳更留神。
时时悦是时时习，日日春为日日新。
真乐即从行乐始，信之及者见之亲。

——王栋《论学杂吟》

何谓孔颜之乐

说到孔子和颜回的快乐，通常都会引用到《论语》的两段话，一段是孔子对自己的评价："**饭疏食饮水，曲肱而枕之，乐亦在其中矣。**"意思是：吃着粗粮饭，喝着白水，弯着胳膊当枕头，快乐就在这其中啦。另一段是孔子评价颜回的话："**贤哉回也。一箪食，一瓢饮，在陋巷，人不堪其忧，回也不改其乐。贤哉回也。**"意思是说：贤德啊颜回！吃一箪饭，喝一瓢水，住在简陋的小屋里，别人都忍受不了这种穷困清苦，颜回却没有改变他的快乐。根据这两个例子最容易得出的结论是：孔颜之乐就是安贫乐道和知足常乐。然而这可能是对孔颜之乐的最大误解，这样的解释是非常片面的，是只见树木不见森林。倘若由此流于"以苦为乐"或"苦中作乐"，更是本末倒置。

孔子曾经不无遗憾地说:"回也其庶乎,屡空",就是说颜回相比其他的门生弟子什么都好,就是经常穷得啥都没有。因此,称赞颜回"贤",决非是在表扬他安于贫困,而是说他不管是富贵还是贫贱,不管环境怎么变化,都一样处之泰然,不会有任何的增减。只是富贵人人都可以接受,而困窘则难以令人忍受,颜回却能"不改其乐",因此才显得格外可贵。就像一盏灯,它的天性就是发光,环境并不能改变它的亮度,但是在黑暗里,它会显得特别明亮。

周敦颐在《通书》中说:"**夫富贵,人所爱也;颜子不爱不求,而乐乎贫者,独何心哉?天地间有至贵至爱可求而异乎彼者,见其大而忘其小焉尔。见其大则心泰,心泰则无不足;无不足,则富贵贫贱,处之一也。**"[①] 这段话的意思是说,富贵是人们都喜爱的,但颜回却不爱。之所以能够这样,是因为在他内心中有更广大或更高的体验,能够"见其大而忘其小",物质生活的好坏,对他来说已经退居到比较次要位置,环境的优劣也并不能干扰他内心的平和安泰。

那么,颜回这种更高的体验是什么呢?从历代儒者的论述当中我们可以看到,他们所谓的快乐大多是人性达到某种高度时所产生的心理体验和精神享受。比如,孔子说"学而时习之,不亦说乎?有朋自远方来,不亦乐乎?"这是以学为乐处,以志同道合为乐处;如《周易·系辞上》的"乐天知命,故不忧",是以顺应天命为乐处;如孟子说"反身而诚,乐莫大焉",这是以诚为乐处;如程颢说"颜子独乐者,仁而已",这是以仁为乐处;如朱熹的"循理为乐",这是以天理为乐处;如王阳明说"乐是心之本体",这是以心体为乐处;如王襞说"乐即道,乐即心",这是以道心为乐处,凡此等等,

---

① 周敦颐.周子通书.上海:上海古籍出版社,2000:38.

虽然有所不同，但却有一个共同点，那就是不被物质所左右，而追求一种超越物质和超脱了外在追求的心理状态或精神境界，或是心灵获得超越与升华后所产生的自由感受，或是自我提升和自我净化的精神愉悦感。实际上，后世儒者对此的解读非常多，但问题是，当我们纠缠于这些形而上的概念时，却往往会忘记快乐是什么。

快乐就是愉快的心情、愉悦的心境，就是主观的幸福感和满足感，这才是实实在在可以体验到的快乐。要我们从天理、心体、道心这些所谓乐的来源去体验，快乐却似乎成了一个缥缈费解的事。没有物质享受还有快乐吗？求学、求诚、求仁就会快乐吗？精神的超越就快乐吗？这些如何去实践？适合每个人吗？如何去证明？根据是什么？这样的问题太多。因此，让我们暂且放下这些高远的理论，踏踏实实就从快乐本身说起。

提到"乐"或者"快乐"，我们通常会想到两种情形，一种是感官的快乐，比如吃一顿大餐、穿华丽而舒适的衣服、泡个温泉浴、享受一下按摩、闻到好闻的气味、看到美好的东西等，当然还有性，还有烟酒茶等嗜好，总之是身体的舒适和感官的愉快。我们也可能想到另外一种情形，比如看到一个励志的电影、听到一个感人的故事、读到一本有意思的书，又或做了一件好事、受到了别人的赞美和表扬等，这些就和感官的关系不大，主要是一些心理上的满足和快乐。现代心理学将前者归结为感官愉悦，将后者归结为心理享受，并且非常明确两者都能给人带来积极的情绪体验，所以都会让我们觉得快乐。当然有时候这两种快乐也是相互交错的，分得并不那么明显。比如你听到一首美妙的歌曲，如果你只是感到很悦耳，那就仅仅只是感官愉悦，如果引发了你的情感，带来了某种心理的体验时，这就也是一种心理享受。

我们看前面所提到的孔颜之乐的例子，显然都是不太注重感官愉悦，而着重于心理上的享受和满足。但如果说孔颜之乐完全是心理享受，似乎也不确切。

《论语》上还记载有一个所谓的"曾点之乐"，也是经常用来作为"孔颜之乐"的佐证。孔子有一次和他的学生在一起闲坐谈理想。子路说他可以治理一个大国，冉有说他可以治理一个小国，公西华说他可以做国家宗庙祭祀的司仪。当问到曾点时，曾点说："我和他们不一样。我的理想是在暮春时节，穿上春服，和五六位成年人，六七个青少年，在沂水河中洗澡，在舞雩台上吹风，然后唱着歌回家。"孔子喟然长叹说："我和曾点一样啊！"

我们可以看到，其他学生说的都是很好的志向，并不涉及感官愉悦，似乎更多是功业、地位、声名的取得，也包含有立志弘道和自我价值的实现，所获得的快乐也是属于心理享受的范围。但孔子却唯独赞同曾点，这是为什么呢？如果我们仔细地比较，就可以发现，前三子所说的志向虽然不同，但都仍然处于外在事功或伦理道德的层面，唯有曾点的志向超越了外在的事功，进入一种天人和谐、生命自在的人生境界中。同样是心理的享受，前三子的理想是系于外在的事功，而曾点则是系于内在主观体验。

因此我们可以说，孔颜之乐既非感官的愉悦，也不是向外的事功追求或系于外在的心理满足，而是一种超越了外在的富贵、权势、物欲等利害关系束缚的心灵上的"自得之乐"。

但是，这里最大的一个问题是，对我们普通人来说，孔子所否定的，似乎恰恰正是我们的快乐源泉。孔子曾经说，有益的快乐有三种，有害的快乐也有三种。喜欢用礼乐来调节自己，喜欢讲别人的好处，喜欢多交好朋友，这是对人有益处的快乐；喜欢放纵骄奢的，喜欢游荡闲逛的，喜欢饮食宴请的，这是对人有损害的快乐。而对于我们这些平凡人来说，大概总是还会觉得吃吃喝喝、游游逛逛才是真正的快乐，被别人夸奖才会快乐；至于用礼节来调节自己、去讲别人的好话，似乎不太容易感受到快乐，有时甚至到感到别扭。但孔颜之道毕竟包含了中国古老的人生智慧，只是对于我们现代人来说，不是那么容易理解。所以，我们不妨换个角度，从生理心理层面来说可能会更容易理解一些。

孔颜之乐不是感官愉悦

在传统当中，感官的快乐通常被称之为"欲"，比如说**"饮食男女，人之大欲存焉"**。古人已经意识，这些感官的愉悦不是真的乐，只是欲望，之所以感到快乐，是因为欲望得到了暂时的满足。而欲望一旦满足，就会产生更大的欲望，所以欲望带来的结果，要么是被外在刺激物所牵制，陷入不停地追逐过程里；要么是因为追求不到、得不到而陷入苦闷；要么得到了之后陷入满足后的空虚。所谓"人心不满，欲壑难填"，就是这个意思。

心理学上对感官愉悦的定义是：机体消除自身内部紧张力后的一种主观体验，它来自某种自我机体平衡的保持，是人感觉器官放松的结果[①]。也就是说，人习惯于在机体内部紧张的驱动下去向外追求，追求不到就是会一直紧张，甚至感到焦虑。追求到了，就因为暂时的放松而感到愉悦，但随之而来的，是机体又会产生新的张力，人会不断地被这个机体反应过程所左右。好比你肚子饿了，就要赶快找东西吃，吃的时候就很快乐，等吃饱了，这个快乐也就过去了。再等几个小时，又会饿，于是又要找东西吃，这个过程是循环往复的，这就是机体的特性，其他身体的欲望大体也是如此。机体这种

---

① 任俊. 积极心理学. 上海：上海教育出版社，2006：87.

特性就是像钟表的弦一样，一次次被上满，一次次地驱动着人不断地运行。

同时，感官愉悦还有一个重复递减的特点。就是同一种感官愉悦如果被重复，其快乐程度就大大下降。当你第一次吃巧克力时，可能会感觉味道非常可口，感到很快乐。但如果经常吃巧克力，快乐的感觉会很快下降，如果你每天都被强迫必须吃一定量的巧克力，那吃的快乐可能就会完全消失，甚至变成一种痛苦，反而是哪天如果不用吃巧克力，你才会感到快乐。

这种现象其实是机体的一种自动适应机制和自我保护机制，它可以避免人过多地摄取某种物质，或长时间得不到某种物质，而使机体失去平衡。这在心理学上，被称为"心理适应"或"心理免疫"，它使人无论在遭受到精神重创还是在经历喜悦之后，都能够恢复到原来的情绪水平，使人可以大多时候保持在一个相对平和的情绪状态中。

正是这种适应机制使人类会对反复出现的愉悦感产生免疫，不再觉得有吸引力，从而避免沉溺感官，更快地转到更有意义的事情上去。如果一个人非常饥饿，那么他很难对其他的事情感兴趣，此时，他如果能够饱餐一顿的话，显然会获得很大的愉悦，之后，食物带给他的愉悦感就会消失，他必须去寻找其他能使他更加快乐的事情。这就决定了感官愉悦让人得到的是即时满足和享受，是直接和简单的，它的产生和消失更多地源于外在刺激，当外在的刺激消失后，愉悦感也会随之消失，即使刺激不消失，机体也会自动进行适应，使愉悦感逐渐减弱并消失。

如果把快乐的追求建立在感官愉悦上，是非常不可靠的。因为你得到一次感官的愉悦，就需要更大的刺激来满足进一步需求。为了再次得到相应的感官愉悦，你要付出更多的努力和代价。将快乐建立在感官愉悦上，实际上是启动了一个自我加压的程序，最终的结果是，越想快乐，却似乎离快乐越远。感官愉悦的另一个不可靠之处在于，由于人类处于不断地进化过程中，很多感觉愉悦带来的奖励作用已经与进化的本意相违背。我们可以假设，所有感官快乐都是进化过程中的副产品，都是为了服务于我们的生存和繁衍的，但当我们实现了生存的目的之后，有些快乐不但无益，有时候反而对我们的身心健康产生一些妨害。

我们的机体并不是神仙或者上帝塑造的完美之物，在漫长的进化历史中，我们身上遗留着许多已经被进化所抛弃的功能或组织。它们曾经对我们的生存起到非常重要的作用，但随着环境的改变，它们变得可有可无，有时甚至会对我们产生不利的影响。比如我们的尾骨，曾经也是很重要的器官，但因为我们不再需要尾巴来掌握平衡了，所以现在除非哪天它被撞痛了，否则基本不会被我们想起来。

在心理功能上，同样也是这样。我们不可避免地带有很多已经不合时宜的快乐。就人类目前的状况来说，解决了温饱和安全问题后，很多奖励机制都有些不合时宜，而这些不合时宜的快乐更多是在感官的享乐上。比如，我们吃东西很快乐，这是我们生存和生长所需要的，所以，这种快乐就是进化的机制给予我们的奖励。在远古的先人那里，有的吃就得多吃一点，以便身体储存足够多的脂肪，这样在食物匮乏的时候，可以靠消耗自身的脂肪来维持一段时间。我们现代人仍然会因为这种快乐的奖励机制不断地摄取食物，即使不饿，也会为了口腹之乐而不断地想要吃东西。同时，机体对脂肪的储存功能也还在，结果我们就会越吃越胖，最后造成了一种普遍的社会病——肥胖。由肥胖问题又带来一些行动不便和慢性疾病等问题，反而违背了最初的进化需要，使人变得不那么健康。所以，当人类已经解决了吃饭的问题后,机体这种不断想要摄取热量的奖励机制,就是一种不合时宜的快乐。

人本主义心理学家马斯洛的需求层次理论也就是建立在这样的心理基础上。根据需求层次理论,生理需求是最低层次的需要,如食欲、性欲、保暖等;往上是安全的需求,再往上是爱与归属的需求,然后是自尊的需求,最后是自我实现的需求。当某一层次的需求得到满足时,人就会获得快乐,但很快又会发展出更高层次的需求。"任何一个需要的满足,随着它的逐渐平息,其他曾经被挤到一旁的较弱的需求就登上突出的地位,力陈自己的要求。需求永不停息,一个需要的满足产生另一个需要。"[1]

当高级的需求得到满足时,原来低一层级的需求所得到的快乐激励,要么是减少了,不再有快乐的感觉;要么是变得不合时宜了,被升华融入更高层次的满足里。比如衣服是用来御寒的,当寒冷不再是问题时,衣服就成了其他需求的替代物。例如要满足爱美的需求,就会追求衣服的外观;要满足归属感,就会追求衣服的社会规范性;要满足自尊的需求,就会追求品牌和个性化。越往上需求就会越多元化,有时甚至还会牺牲掉低层次的需求。比如,有的女性为了美丽,能够轻松忍受着严寒而拒绝穿着更保暖的厚衣服。衣服给人带来温暖的身体愉悦已经退到次要的位置,更高的心理需求成为了更重要的快乐之源。饮食也是如此,当人们满足了果腹的需求时,饮食就会变得越来越精致和充满文化内涵,单纯的海吃海喝便不能再给人以快乐。

需求层次理论揭示了生理满足所带来的感官愉悦,只是人处于

---

[1] 亚伯拉罕·马斯洛. 动机与人格. 许金声,等,译. 北京:中国人民大学出版社,2007:65.

较低心理水平的结果,在满足基本的生存和生理需求后,人必然要向更高层次追求。如果过度沉溺于低水平的生理满足,人格发展就会出现停滞,自我实现的道路就会受阻,所谓的快乐也就会限制在较低的水平上。当然,马斯洛也并没有否定低层次的需求。对于那些基本需求得到满足而带来的快乐,是不应该也不必要进行克制或否定的,人必须先要使低层次需求得到满足,这是人健康发展的先决条件,只是不应该沉溺于这些低水平的需求上。

尽管孔子及其弟子们推崇比较简单的物质生活,也的确是不太讲究感官的愉悦,但绝不意味着排斥感官愉悦,或者提倡禁欲。《论语》当中记载了不少孔子对饮食、衣着和车马的要求和习惯。饮食方面如"**食不厌精,脍不厌细。食饐而餲,鱼馁而肉败,不食。色恶,不食。臭恶,不食。失饪,不食。不时,不食。割不正,不食。不得其酱,不食。肉虽多,不使胜食气。唯酒无量,不及乱。**"衣着方面如:"**当暑,袗絺绤,必表而出之。缁衣,羔裘;素衣,麑裘;黄衣,狐裘。亵裘长,短右袂。必有寝衣,长一身有半**",等等。这种对衣食起居的种种规定,固然与礼制要求有关,但也体现了儒家重视身体和生命、讲求生活质量的理念。

但要注意的是,孔子的态度还是"**欲而不贪**",也就是对感官的愉悦要适度,不去作刻意的追求。比如他说:"**君子食无求饱,居无求安,敏于事而慎于言,就有道而正焉。**"意思是说,饭还是要吃的,但不追求太饱,住还是要有个居所,但不追求安逸,然后把精力用在重要的事情上。他还说:"**士志于道,而耻恶衣恶食者,未足与议也。**"意思是,有志于追求真理,但又以粗衣淡饭为耻辱,对这种人,是不值得与他交谈的。可见,孔子并不是排斥感官的愉悦,也会充分享受简单的物质快乐,只是他却不会停留于这种快乐上,而是将快乐建立在更高层次的追求上。

所以，无论从古代儒学的人生智慧来说，还是从现代心理学的角度来看，当基本的生理需求获得了满足后，仍然停留在单纯的感官愉悦上是不明智的，人总归是要摆脱对感觉愉悦的盲目沉迷，向着更高的层次进化，这样才可以摆脱机体的适应机制，使个体发展出更健康、更高水平的快乐。

孔颜之乐不是外在的追求

明儒王时槐说："**人自生以来，一向逐外；今欲其不著于外境，不著于念，不著于生生之根，而直透其性，彼将茫然无所倚靠，大以落空为惧也。不知此无依靠处，乃是万古稳坐之道场，大安乐之乡也。**"意思是说，人自出生以来，就开始向外逐求，突然之间要求不执着于外在，不执着于心念，甚至不执着于生命的种种根性，而直接依凭内在的天性，这样往往会茫然无所倚靠，感到非常大的落空而产生恐惧的心理。但这个无所依靠处，其实才正是最稳固的修养之道，是大安乐的地方。

对于我们当代人来说，在很多时候已经习惯了将快乐建立在外在事物上，商品社会也使我们更容易将注意力集中在物质生活上，但只有能够放下向外逐求的心，才是追求真正快乐的开始。因为一旦我们内心的快乐是与外在的刺激物相关联的时候，那么它就和感官愉悦一样的不可靠。

第一个不可靠之处在于，外在事物并非总是如我们所愿。比如，我们吃糖觉得很快乐，于是我们就认为是糖带来的快乐，于是我们就去找糖，有时找不到糖，我们不快乐了，有时找到了糖，觉得已经没有想象中的那么甜了，又不快乐。再比如，我们很喜欢收集文玩，这可以给我们带来很多的精神享受，但如果每看到一个好的文玩，就要得到而后快，这显然也不是一种可持续的快乐。凡是系于外在的快乐，都会随着外在刺激物的消失，而很快地消失。

第二个不可靠之处在于，对外在事物的追求也是建立在盲目的进化机制上。比如，对财富的囤积来源于人类祖先对食物的囤积需求，原始人类食物匮乏，善于囤积的人更容易应对恶劣的自然环境，更容易生存下去，但在物质丰富的现代社会，囤积食物显然不是什么明智的行为，而这种囤积的需求已经镌刻到人类的基因当中，于是就转移到财富等其他可以囤积的事物上；再比如，地位和权利的追逐来源于人类祖先对生存繁殖资源的获得上，大多数动物族群内部都有一定的等级，等级越高的个体，能够获得的食物资源越好、获得交配繁殖的机会越多，这些个体也就能留下更多的后代，从而使这种争取权利和地位的基因传递了下来。而当原始社会变成了现代社会之后，人类的很多行为动机就变得盲目起来了。人类有时会忽略这些机制本来的进化意义，变成了为获得而获得。财富的囤积和对权利地位的追求本来无可厚非，这能够让我们提前应对未来生活的各种变化，实现更多的人生价值。但有的人会忘记这些只是手段和工具，把它们当成了生活的目标或目的，于是财富的囤积变成数字的堆砌，权利地位被看得重于一切，这其实也就违反了进化的意义，变成一种非理性的盲目行为。

第三个不可靠之处在于，这些系于外在的心理快乐往往是建立在"社会比较"这个虚幻的评价系统上。财富、地位、名声等都会让我们觉得快乐，让我们觉得自己高人一等，让我们找到受尊重的感觉，由此给我们带来很多心理上的满足。现代人都喜欢比较，上学比学分，毕业了比学历，工作了比薪水、比职位，然后比房子、比车子、比手机、比包包、比奢侈品等。反正就是别人有的我一定要有，我有的别人没有，或是我比别人的更好，似乎总是要在比较中才能体现自我的价值，才能彰显自己的能力。

这种"社会比较"往往是根深蒂固的，我们从小就被比来比去，父母喜欢拿我们与兄弟姐妹比，与邻居的孩子比，老师喜欢拿我们与同学比，并且糟糕的是，我们似乎永远都处于下风，"别人家的孩子"简直是我们童年的噩梦。这种社会评价系统如此普遍，以至于我们已经习惯了通过与别人比较，来确定自己的所处的社会地位和所取得的成就。如果比别人好，就会沾沾自喜，如果比别人差，就会闷闷不乐。有一个段子：什么是有钱人？有钱人就是年收入永远比小姨子的丈夫多100块钱——嘲讽的就是这种心理。

这种向外比较的心理，给我们带来的大多是沮丧，因为总会有人比我们强，不管我们再怎么努力，当上升到一个层次的时候，我们就会发现周围又多出了许多比我们优秀的人。不可否认，这种"社会比较"在某些时候，能够促使我们努力改变自我，使自己变得更优秀、更有能力，这一点在远古社会更是有非常重要的进化意义。因为那时候人们接触到的人群数量较小，信息也不发达，一个人在某项技能或能力上超越他人是切合实际的。但在现代社会里，由于媒体的高度发达，无论在哪方面我们都会看到更加优秀的人，而且由于明星作秀和媒体炒作，呈现在我们面前的往往是经过包装的完美形象。影视节目上所展现的富裕生活，以及网络上大量不知真假的炫富，也都强化了人们的"相对剥夺感"。在这种情况下，"社会比较"只会让我们在各个方面都显得平庸，并产生出更多的欲望，这也许是现代人幸福感较低的原因之一。

心理学家克罗齐通过对密歇根大学的学生进行研究证实，如果自尊不是建立在内部因素，而是依赖外部因素时，人的自我价值感更脆弱，会经历更多的压力、愤怒、人际关系问题、吸毒、酗酒以及饮食障碍。那些试图通过变得美貌、富有或受人欢迎来寻求自尊的人，对真正有利于提高自己生活质量的东西往往视而不见[①]，他们实际上已经变成了为别人眼中的自己而活。因此，我们可以说，内在的幸福才是我们所应当追求的，而外在目标或成功只是内在快乐的副产品。

其实，古今中外的无数先贤哲人都在谆谆告诫我们：幸福快乐不关于外在，而取决于内心。现代心理学研究将幸福感称之为"主观幸福感"，就是强调幸福和快乐的主观性和相对性。同样一件事，在这个人的主观感受里是幸福的，而在另一个人的主观感受里则可能不是幸福的，甚至可能是痛苦的。即使是同一个人同一件事，由于时间地点的不同，主观的感受也会有很大的差异。同样的一杯水，对于身处沙漠的人和身处都市家中的人，所带来的幸福感受是完全不同的。这其实也是孔颜之乐不假外求的原因之一。因为，幸福与否、快乐与否只是自己主观体验。如果从世俗的眼光看，孔子的一生是失败的，所以郑国人才会说他"累累若丧家之犬"，但孔子却自认为是"乐而忘忧"的一生。用梁漱溟的话说，"孔颜之乐不是关系的乐，而是自得的乐，是绝对的乐"。

孔颜之乐是人心的畅达

如果说，孔颜之乐的乐不是感官的愉悦，也不是外在的追求，那么孔颜之乐究竟是什么呢？

近代大儒梁漱溟对于孔子的乐，有一个非常著名的理论，即他所认为的解决人生苦乐问题有三种路径。一个路径是向外面去找，

[①] 戴维·迈尔斯. 社会心理学. 侯玉波，等，译. 北京：人民邮电出版社，2016：54.

走欲求的路,比如说各种的享乐主义,追求感官的愉悦;一个是取消欲求,比如说像佛教等宗教,通过对各种欲望的消解,而达到终极的"大欢喜";第三条路则是孔儒之路,既不顺着外在的欲求去走,也不是断然地否定生理的欲求,而是顺着人的天性去走,顺乎自己内在的情感体验。他认为,生命本身的活动就是乐的,所以人本身也就是乐的,"真正所谓乐者,是生机的活泼。即生机的畅达,生命的波澜也""生命本来会自己涌现出来而畅达洋溢的,实无待外面去拨动他"。人活着,本身就有一种乐的情趣在,这个情趣是因为机体自然畅达、生机洋溢所自带的特性。人就应该活在这种乐的情趣里面,并在当下的生活中去体会这种乐,去实现这种乐。而这个生命活力在人身上反映出来,就表现为人心。梁漱溟说:"人心就是生命特征的显现","是总括着人类生命之全部活动能力而说",也就是说,人心是人的整个身心机能作用的结果,当人的整个身心机能得到充分发挥时,人心就是畅快的、安乐自在的。

梁漱溟对人心的这种认识并不是凭空杜撰出来,而是与传统儒学对人心的认识一脉相承。有人问明代大儒罗汝芳,什么是"孔颜乐处"?罗汝芳回答说:"**所谓乐者,窃意只是个快活也。岂快活之外复有所谓乐哉?活之为言生也,快之为言速也,活而加快,生意活泼,了无滞碍即是。圣贤之所谓乐,却是圣贤之所谓仁,盖此仁字其本源根柢于天地之大德,其脉络分明于品汇之心元。故赤子初生,孩儿弄之则欣笑不休;乳而育之则欢爱无尽。人之出世本由造物之生机,故人之为生自有天然之乐趣。**"[①]

这段话的意思是说,所谓"乐",就是"快活"。"活"就是生,"快"就是快速无碍,生命充满活力,了无滞碍;圣贤说的乐就是

---

① 罗汝芳.明儒学案(卷三十四).北京:中华书局,2008:791.

"仁",是源于天地之大德。而天地之大德曰"生",就是天地生生不息的自然之理在人心上的体现。所以婴儿初生时,逗他就会欣笑不休,哺乳他就会欢爱无尽。人的出生就是秉承了天地生机,所以人生来就有天然的快乐。**"天地以生为德,吾人以生为心"**①。天地以化生万物为特性,人秉承天地的生机而产生了生命,因此人心所反映的,也就是生命本身的特性,生命的特性就是人心的特性,当人顺应着这种生生不已的天地之性去生活,就会是快乐的。

在中国古代,"心"是一个很特殊的概念,它包含了很多个层面。首先,它是个实体,指的是心脏这个身体器官;同时又是功能性的表述,即现在我们所知道的大脑功能,如知觉、思维、记忆等,在古代表述为心思、心念等;还有道德情感层面的表述,如善心、良心、仁心、爱心、平常心、平等心等。更深的一个层面,则是精神层面,或者是一种形而上的哲学概念,表述为本体性的,如"即心是道""心即理""心即太极"等。之所以会出现这样多层次的概念,是因为中国人并不是将人心作为一个孤立的事物来看待,而是认为"人心"与人的整个身体,乃至与所处的环境,以及他人、万事万物、天地宇宙都存在着千丝万缕的联系。

明代高攀龙在《困学记》中说,他刚开始学习修养心性时,持心守敬于心脏部位,但觉得气息郁闷,身体拘挛,非常不自在。后来想到程颢说过:"心要在腔子里",又在《小学》中看到注解说"腔子犹言身子耳",才恍然大悟,明白所谓的心,并不是指心脏那一块地方,而是"浑身是心",由此他顿时感到轻松快活起来。王阳明在《大学问》中说:**"何谓身,心之形体,运用之谓也;何谓心,身之灵明,主宰之谓也。"** 就是说,身是心的形体和运用,心是身的灵明与主宰,

---

① 罗汝芳. 罗汝芳集. 南京:凤凰出版社, 2007:76.

身和心是互为体用，一体无二。有形而运用者为身，无形而灵明者为心，两者互为表里，共同构成有机的生命整体。而在中医里，心是主一身之"神明"，如果心出现了问题，其他脏器也会出现问题。此外，还有心主喜、肺主忧、肝主怒、脾主思、肾主恐的五脏情志之说，这都说明在中国古人的观念里，心身是统一的整体。

这一点是东西方看待心理的重要区别。西方心理学主要研究的是人的大脑功能，但东方则通常认为心的作用涵盖着整个身体机能。所以当西方人研究东方禅修时，研究者为了观察修行者的脑电，就在邀请到的修行者头上贴电极片，结果那些禅修者都笑了。因为禅修者们认为，要研究心，为什么在头上做文章。当然随着心理研究的深入，东西方慢慢开始融合。有一些心理学流派开始意识到整个身体在心理机制中的作用。

在精神分析心理学诞生之前，人们基本认为，人完全是由自己的意识所控制的，但弗洛伊德却发现，人所能够意识到的心理活动只有很少的一部分，如同冰山露出海面的一小部分，大部分却隐藏在海水之下，是人意识不到和无法控制的，这部分被称为潜意识，这就是著名的冰山理论。潜意识的发现，使人对自我的认识发生划时代的变化，但潜意识究竟是如何存在的，却是一个解不开的谜。对此的解释有很多，但人们越来越认识到，心理活动不仅仅只是大脑的运作，身体或许就是心理信息和心理资源的最重要来源。

整体论心理学就主张，心理活动是整个机体与外在事物之间的相互作用的结果，有机体永远是作为一个整体运作的，决不会分成部分地从事活动，所以心理活动必然不是仅仅发生在大脑，或者身体的其他某一个器官中，研究心理问题不能只研究人的大脑[1]。而人

---

[1] 车文博.人本主义心理学.杭州：浙江教育出版社，2003：43.

本主义聚焦心理学创始人尤金·简德林也提出"身体就是潜意识"的说法,认为心理的过程事实上是包含着整个身体的感应过程,只是最后在意识层面浮现出来了而已。

这种对身心一体的深入认识,逐渐形成了当代的具身认知和具身心智理论,并成为一种强劲的思潮,影响着哲学、心理学、神经科学等诸多领域。"具身心智的中心主张就是认知、思维、情绪、判断、推理、知觉、态度等心智活动是基于身体和源于身体的。身体与世界的互动决定了心智的性质和内容。"[①]换句话说,不是我们的大脑知道了什么,而是身体使我们的大脑知道了什么。我们能够思考、感觉、观察、想象不仅是因为我们有一个大脑,更重要的是我们是一个活生生的身体,是一个能够看、听、说、触、嗅,能感觉、能动作、能移动的身体。正如王阳明在《传习录》中说:"**这视听言动,皆是汝心。汝心之视发窍于目,汝心之听发窍于耳,汝心之言发窍于口,汝心之动发于四肢。**"也就是说,"视听言动"这些身体的活动,也就是心的活动,而心的活动就表现在身体的活动上,正因为有心的作用,所以眼才能看,耳才能听,口才能言。反之,正因为有眼耳鼻舌身,所以才能体现心的作用。王阳明主张知行合一,从某种意义上来说,也就是身心一如、浑然一体。

因此,我们所说的"人心",既不是单指心脏,也不是单指头脑,而是包括头脑和心脏在内的整个身体机能的体现。人心的功能是整个身体机能作用出来的,并非只是头脑在运作的结果。大脑是最高的调节中枢,通过神经系统与全身的脏器之间紧密联系。那些看似不受大脑控制的生理活动和身体机能,其实是与大脑的作用分不开的,而大脑中产生的种种意识活动,也与整个身体息息相关,

---

① 叶浩生.具身认知的原理与应用.北京:商务印书馆,2017:66.

这是一切心理功能的基础。

前面我们谈到"曾点之乐"之所以受到孔子的认可，也正是因为他体现了身心投入的一种生命体验，一种发自内心的生活情趣。宋儒罗大经在《鹤林玉露》中说：吾辈学道，须是打叠教心下快活。古曰："无闷"，曰"不愠"，曰："乐则生矣"，曰"乐莫大焉"。夫子有曲肱饮水之乐，颜子有陋巷箪瓢之乐，曾点有浴沂咏归之乐，曾参有履穿肘见、歌若金石之乐，周程有爱莲观草、弄月吟风、望花随柳之乐。学道而至于乐，方是真有所得。①

这段话的意思是说，我们要学习体察圣人之道，必须是调整得让身心感到快乐。古语说**"不成乎名，遁世无闷""人不知而不愠""乐斯二者，乐则生矣""反身而诚，乐莫大焉"**，说的都是这个意思。孔子有"曲肱饮水"的快乐，颜回有"陋巷箪瓢"的快乐，曾点有"浴沂咏归"的快乐，曾参有"履穿肘见、歌若金石"的快乐，周敦颐有"爱莲观草、弄月吟风"的快乐，程颢有"傍花随柳"的快乐。只有像这样修养学习到身心都很快乐的时候，这才是真正有所得。

孔颜之乐是实现倾向的达成

我们说孔颜之乐是人心的畅达，是生命活力得到充分发挥的结果，而在心理学当中，同样是认为当人的机体得到充分发挥时，人就会是健康快乐的。

机体论心理学家戈尔德斯坦在研究脑损伤患者时发现，当小脑一侧受伤时，患者会自然地向一侧倾斜，这种倾斜确保了患者保持

---

① 罗大经.鹤林玉露（丙编·卷二）.北京：中华书局，2005：273.

正常的体能和智力,并能够进行正常的活动,如果强迫患者把头摆正,反而会使患者感到头晕、恶心、容易跌倒,无法进行正常的活动。由此,他推断说:"机体的基本倾向在于尽量实现自身能力、自身人格,即自我实现的倾向"。也就是说,无论是在有利或不利的情况下,机体都会寻找最合适方式来进行自我调节,以适应自身和环境的变化,这是机体本来就具备的潜能,即"自我实现倾向"[1]。

他的观点极大地影响了马斯洛、罗杰斯、罗洛·梅等人本主义心理学家,"实现倾向"也成为人本主义心理学的理论基石,即相信人的本身就具有自我完善、自我完成的潜在能力。"实现倾向"是人的第一驱动力或唯一动机,而食欲、性欲、权力、成就等,都是实现这唯一动机的次级动机。这种实现倾向驱动着生命个体在所处的任何环境当中,都以最佳的方式获得发展。而人之所以产生各种各样的心理问题,正是因为压抑了自我发展的需求和能力。

如果比较一下传统儒学和人本主义心理学两者的异同,我们就会发现,两者都认为人有一种基本的"生命力量",即自我完善、自我发展、自我成长、自我完成的潜能,只要善加呵护原始的善的种子,就一定会成长为一个人格健全、心性良善、健康快乐的人。就像植物,只要有一个健康的种子,只要条件满足,植物就会成为它本来应该成为的样子。

但两者的不同之处在于,儒学更强调人的主观性,即"我欲仁斯仁至矣",只要想做就可以做好,做不好是因为不是真的想,因此"立志"往往是圣学的首要任务。而人本主义心理学则更重视环境的因素。仍以植物为例,再好的种子,也需要土壤、阳光和水等必要的生长条件,失去了这些条件,种子要么不发芽、不成长;要么死

---

[1] 车文博.人本主义心理学.杭州:浙江教育出版社,2003:66.

掉；要么变得畸形。人的成长也是如此，只要他是一个健全的婴儿，那么他就可以成为一个健康的成人。但在他成长的过程中，也必然需要有外部的营养，如食物、水、空气等条件来实现他身体的成长，同样也需要父母的爱、亲情、友情、爱情、社会支持以及精神文化的滋养，来实现他心理的成长。如果缺少了这些，人就会生病，就会像植物缺少阳光和水一样，抑制自己的成长。

因此，马斯洛认为，不同的成长条件会使人产生两种内在的成长需求和动机。一种是匮乏性动机；另一种是成长性动机。匮乏性动机就是人在成长的过程中，没有或缺少某种东西，而产生的生理或心理上有不满足感，需要从外在的事物上来寻求补偿或满足，它指向的目标一定是他人或者他物。当这些需求得到满足时，匮乏性动机就会减弱或消失，但人并不会因此失去动力，而是转变为成长性动机。成长性动机并不依赖于外界事物来满足，而是依赖于自己潜在的能力和资源，动机的目标从他人或他物转回到自身，从社会性要求转变成个体内在的要求。

比如一个没有得到充分母乳喂养的孩子，可能在相当长的时间里会存在吮吸行为的需要，而在心理上可能会产生"被剥夺感"，吮吸的行为有可能通过矫正而改变，但"被剥夺感"可能存在更长的时间，并且为了防御这种"被剥夺感"而产生过多的占有欲，这种占有欲就成为一种匮乏性动机和需要。但一个得到充分养育的孩子则不会产生这样的心理和动机，那么他就不太会对外在事物产生不必要的占有与剥夺的感受，而是更倾向于根据自己真实需求去得到满足。其他需求也无不如此，一个被饥饿困扰的人，他就是为食物而活；一个缺少安全感的人，就会特别需求自我防御；一个缺少爱与归属的人，就会特别渴望和他人建立某种关系，无论这个关系是好的，还是糟糕的；一个缺少尊重的人，就会特别需要别人的认可，也会特别在意他人的看法和评价。

缺少营养的人,身体就不健康,而缺少安全感、爱与归属、自尊的人,人格发展就不完善,心理上就不太健康。只有当这些需求得到满足之后,人才会完全发展出自我实现的需要,成为一个完全意义上的健康人,并释放出自己应该有的潜能和优势,最终成为本来的自己。美国作家杰克·伦敦的小说《热爱生命》里,描写了一个差点被饿死的淘金者,当他被解救之后,对食物充满了强烈的占有欲,尽管食物很充足,但他仍然想方设法地囤积面包,这显然是一个匮乏性动机的极端例子。别人之所以对淘金者的行为感到难以理解和可笑,是因为没有经历过他那样的匮乏。

在这里我们可以发现,所谓的匮乏性动机,往往就是一些感官需求和外在的逐求,而成长性动机则更多的是一些自我成长和自我发展的内在需要。而结合前文我们对孔颜之乐分析,可以说,孔颜之乐实际上是在满足了匮乏性动机之后,发展出来的成长性动机和表达式的生命状态,近乎于自我实现者的状态。

尽管中国古代也有先满足物质需求、再满足精神需求的思想,如管仲说"仓廪实而知礼节,衣食足而知荣辱",但就儒学来说,还是非常强调重义轻利、贱货贵德的修养论,这导致中国数千年来形成了重视道德实践,而轻视物质满足的人学思想。当然,这与儒学产生的背景是有很大联系的。因为在孔子时代,儒学所面向的主要对象是士族阶层,即使是"庶人"子弟,到孔子这里来学习的目的,大多也是为了"学而优则仕",因此孔子对弟子们的要求,通常是从"君子"的要求出发,如告诫子夏说**汝为君子儒,无为小人儒**"。所谓的"君子"其本义是"君王之子",指的就是统治阶层,也泛指地位高的人。而所谓的"小人"则是指平民百姓。孔子说"君子喻于义,小人喻于利",意思是说,对管理者要晓之以义,而对被管理者则晓之利。又如"**君子学道则爱人，小人学道则易使也**"这句话，也是说管理者学道就会仁爱大众，而被管理者学道就会服从领导。这其实都不是从道德的要求来分别君子和小人，而是根据人的不同阶层，提出相应的要求。所以孔子培养人才，其实是在培养未来的管理者，是培养"劳心者"或"载道者"。

这样我们就可以理解儒学重义轻利的思想根源。作为士族阶层，以及将来的管理者，物质的满足是不成问题的，如果再过分去追求的话，就会陷入无休止的感官刺激和外在逐求上，而失掉更高层次人生追求，错过更大的人生成就。因此，就要特别强调物质满足后的人性成长。只是后世不加区别，对所有人统统责以仁义道德，却忽视基本的物质需求满足，自然会出现理论和实践相背离的问题。可以说离开了物质基础，儒学的要求很容易成为不近人情的道德教条。孟子就很敏锐地意识到："无恒产而有恒心者，惟士为能。若民，则无恒产，固无恒心。

对于古代中国而言，统治阶层推行儒学是为了让普通民众"易使"，而普通民众温饱问题尚不能解决，哪里会顾得上心性修养的问题，也就自然不能从中获得乐趣。但对于当代的普通中国人来说，物质生活水平其实已经完全不输于孔子的弟子们了，甚至可以说不输于当时的一般贵族阶层。因此，儒学在当代虽然失去了其政治意义，但在人性修养方面却恰逢其时。用马斯洛的需求层次理论来说，当代中国社会基本能够满足人们生理和安全感的需求，中国人的也有条件完成爱、归属感以及自尊感的追求，现在所面临的人生主题往往是如何去实现自我，甚至是如何去实现自我的超越。

当个人发展越是接近高层次体验，就越容易摆脱低层次需求的束缚。当完全进入自我实现的层面时，人就会更少地被低层次欲望所左右，更少出现不满足感，也就能更多地体验自在自得的快乐感。

曾参是孔子很重要的弟子之一，被后世尊为"宗圣"。据说，他在卫国的时候，衣服破烂，面部浮肿，手脚都磨出了老茧。经常3天不生火做饭，连续10年都没添置新衣服，戴帽子帽带断，穿衣露手臂，穿鞋露脚跟。天子和诸侯请他当官也不去，送他土地也不要。但他拖着烂鞋，高唱着《商颂》，声音高亢洪亮，好像金石乐器奏出来的一样。虽然很贫穷，但精神状态蛮不错的，一副自得其乐的样子。孔子对曾参的评价是"参也鲁"，鲁就是愚钝，不知道变通，言下之意其实有憾。但从曾子著《大学》《孝经》等事迹和言行来看，他也确实达到了不为物累的超越境界，一如马斯洛对自我实现和自我超越者的描述。

不仅是曾参，儒门很多人的生活都很贫困，如孔子也曾"绝粮陈蔡"，颜回则"屡空"。但很多儒者在遇到衣不蔽体、食不果腹、生命遭逢威胁的时候，却能够摆脱匮乏性动机，不改初心，以仁为己任，乐而忘忧，死而后已。这表面看似乎有悖于需求的层次理论，但其实却正符合于自我实现者的人生境界。

按照需求层次理论，只有在低级需求得到满足后，人才能转向高级需求，但另一方面，那些基本需求的满足只是自我实现的充分条件，却并不是必要条件。也就是说，每个需求层次只要得到适当的满足时，人就可以向着更高的水平发展。并且当人们满足了高级需求，获得了相应的价值感和体验后，高级需求就会变得有自制力，就不再依赖于低级需求的满足[1]。通常越是满足了高级需求的人，就越会认为高级需求比低级需求更有价值，更愿意为高级需求而牺牲掉低级需要，对于纯粹维持生理和生存的要求就越不迫切。在中国

---

[1] 亚伯拉罕·马斯洛.动机与人格.许金声，等，译.北京：中国人民大学出版社，2007：55.

历史上,同样是饥民,既有"易子而食"这样极其低下的需求满足者,也有不吃"嗟来之食"而饿死的高层次需求者。自我实现者为了某种追求或原则,可以适应清贫、禁欲甚至危险的生活,这也正是周敦颐所谓"见其大而忘其小"的心理学注解。

另外,自我实现者能适应比较简单的物质生活,并不代表他们只能过或只会过这样的生活。马斯洛有一段话总结得非常好,他说:"一个健康的人并不只会表达,他必须是在想进行表达时能够进行表达。他必须能够使自己无拘无束,当他认为必要时,必须有能力抛开一切控制、抑制和防御。但他同样也必须有控制自己的能力,有延迟享乐、彬彬有礼、缄默不语的能力,有驾驭自己的冲动、避免伤害别人的能力。他必须既有能力表现出酒神的狂欢,也有能力表现出日神的庄重。他既能耐得住斯多葛式的禁欲,又能沉溺于伊壁鸠鲁式的享乐。他既能表达,又能应付,他既能克制,又能放任,他既能考虑现在,也能考虑未来。健康的人或自我实现的人在本质上是多才多艺的,他所丧失的人类聪明才智比常人少得多。他们的反应更加丰富完整,并且趋向于达到完备人性的极限。"[1]

因此,我们用颜回、曾参的例子来说明孔颜之乐,并不是在鼓吹贫穷和受苦,只是为了更好地说明,一个自我实现者即使在环境不利的情况下,也能保持快乐。其实孔颜之乐与富贵、贫贱、寿夭都没有什么直接关系,人只要充分发挥自己的天性和潜能,就更容易获得真实的快乐。

当然,我们这样来谈自我实现与孔颜之乐的关系,并不表示孔颜之乐就与低层次需求完全无关,也不表示只有达到自我实现者的

---

[1] 亚伯拉罕·马斯洛.动机与人格.许金声,等,译.北京:中国人民大学出版社,2007:87.

境界之后，才会体验到孔颜之乐。实际上，机体的实现倾向是贯穿在人成长的整个过程里，并且一直在主导着生命的过程。那些基本的需求事实上都是实现倾向的次级动机，也就是说，人的任何需求都是在实现倾向的推动下产生的。当人的成长因为某个基本需求未得到满足而停滞时，他就会形成对特定事物的匮乏性动机，当他充分得到满足时，实现倾向就会推动着他向更高层次迈进，朝着成为一个自我实现者的目标去发展。

从最低的生理层次来说，如果人体内缺少了某些物质，比如水、氧气、盐、糖、蛋白质、脂肪以及其他微量元素，人就会生病或发展出某种癖好。如果体内缺少糖，就会特别爱吃甜，如果体内缺少盐，就会特别爱吃咸。这种特殊的癖好其实也是自我实现倾向带来的结果，是实现倾向与外在的条件妥协的结果。世界上很难有完美的养育环境，每个人或多或少的都会遇到需求没有满足而留下来的特殊偏好和个性。当我们明白了这个道理后，一方面我不需要为自己存在这样那样的物质需要或低层次需求而感觉到不好；另一方面，也提醒我们，不要留恋在低层次的需求上，如果有可能就要向着高层体验发展，以达到完全的自我实现。在这个主动变化的过程里，也同样会体验到自我实现的快乐，同样会感受到孔颜乐处。

孔颜之乐是生命自然流动的满意感

历代儒者都会反复提到"**鸢飞戾天，鱼跃于渊**"的境界，这实际上就是描绘了一个万物生成、各尽其性、各得其所的宇宙实相。一切生物都在努力地实现着机体所要成为的自我。一颗种子就是要长成一株植物，只有条件适宜，它就会发芽成长、开花结果；一只鸟破壳而出，就会慢慢长大，就会自由飞翔和鸣唱。这些都没有外在目标，不是为谁而设置，因为它们的天性就是如此，它们的机体就会使它们如此。生物从低等到高等，从简单的细胞生物到复杂的哺乳动物，再到人类，都在实现着机体的这种倾向。这个过程是生命主动的过程，实现这个过程的生物就是欣欣向荣的，实现这个过程的人就是充实快乐的。孔颜之乐就是顺着机体自我实现的倾向，没有阻滞地去生活。我们的生命不息，那么这生命的乐趣就一直都在，只是需要我们去发现、去体味、去顺应。

在现代心理学当中，对于幸福感的产生有一个很重要的过程活动理论，即认为投入到特定的生命活动就会产生幸福感[1]。米哈里·希斯赞特米哈伊被公认为是这方面研究成就最卓著的专家。他通过大量调查研究发现，人类有一种非常重要的心理体验，称之为"心流"。其定义是："一种自带目的的内在动机，它唯一的目的就是想要体验行为本身，而不是行为能带来的任何外在奖励或其他好处。"这解释了那些卓有成效的人们，是如何在没有外在要求和制约的条件下，充分发展了自己的专长并取得成功的。

据说，法国大雕塑家罗丹有一次邀请他的好友作家茨威格参观他的工作室，当他们走到一座刚刚完成的塑像前时，茨威格非常欣赏，认为是一件杰作。罗丹却在端详一阵后，拿起抹刀修改起来。直到很久之后，感到满意才停了下来。结果他完全忘记了旁边的客人，径自向门外走了，而且出门后还拉了门准备上锁，直到茨威格叫住他，这才猛然想起自己是陪着客人参观的，茨威格对这件事很有感触，他说："人类的一切工作，如果值得去做，而且要做得好，那就应该全神贯注。"这个故事就可以说是一个有关心流的故事。

---

[1] C.R.斯奈德、沙恩·洛佩斯.积极心理学.王彦，席居哲，王艳梅，译.北京：人民邮电出版社，2013：126.

当我们从事一件事情，不是为外在原因，只是因为事情本身是吸引我们，我们只是为了完成这件事而感到快乐，那就是进入了"心流"的活动，这是一种自然流动的感觉。心流并不会给我们带来直接的快乐，而是在工作结束或分心时，才会有一种幸福感和满足感发生。长远来看，在日常生活中体验到的心流越多，我们整体上会感到越幸福[1]。

马斯洛描述人在经历高峰体验时说："他成为自发、协调、高效的机体，没有冲突与分裂，没有犹豫和疑惑，在一股巨大的力量之流中，像动物那样运转着，运转得如此轻松，或许变得更像一场游戏，娴熟得如鉴赏家一般。所有这一切都是那么容易，简直可以在运转中享受它并开怀大笑。"高峰体验与心流体验一样，都是人倾其生命力于当下一刻，身心高度统一、高度投入的生命状态，在这个过程里没有任何的防御、克制和自我控制，而是更加的超然和忘我，对自己充分的满足和自信，同时与外在世界也保持高度的整合一致。

积极心理学家马丁·塞利格曼说，真实的快乐并非是来自感官的满足，或是情绪的欢快，而是一种由于个人的优势和美德得到充分施展时的"满意感"。他举例说，这种体验类似于舞跳得好的感觉，"这个舞跳得好的幸福感并不伴随着跳舞，也不是跳完舞后的结果，它是跳得好时的感觉"，从事其他事情，如读一本好书、投入一项自己喜欢的运动、做一件善事等，都会在做的过程中感到满意，这个过程里通常没有即时的愉悦，但当事后回味时，却会感到更有幸福感。这种"满意感"并不会给人以特别强烈的感受，但它却会更加持久，并且这种快乐的心境更容易转化到其他的事情上去。也

---

[1] 米哈里·希斯赞特米哈伊. 创造力. 黄钰苹, 译. 杭州：浙江人民出版社, 2015: 119.

就是说，在从事这样的活动之后，我们感觉不到疲倦，或者虽然身体有些疲惫，但我们的心理上很充实，能够很快地为下一次的工作作好准备，并且也乐意去挑战新的事物。

米哈里·希斯赞特米哈伊对"心流"的定义、马斯洛对"高峰体验"的描述，以及马丁·塞利格曼对"满意感"解读，都可以使我们能更好地理解我们所说的孔颜之乐。孔子说自己：**"发愤忘食，乐以忘忧，不知老之将至云尔。"**从这句话当中，我们可以非常清晰地看到一个不知疲倦向前奋进，开心地做着自己喜爱的事情，充分发挥着自己的能力，并充分地享受其中乐趣的孔子形象。他快乐得经常忘记饮食的美味，忘记了烦恼与忧愁，忽略了时间，都感觉不到自己还会变老。不仅是孔子，很多成功人士在回忆自己的经历时，总是会发现，获得成功后的喜悦实际上并不大，真正的快乐在于努力实现的过程当中。

当我们在做使自己感官愉悦的事情时，其实很可能是在消费自己心理能量，它不能给自己带来任何改变，对未来也没有任何帮助，深入地来说，就是对进化没有任何帮助。而当我们进行产生类似"心流"这样的活动时，实际上是机体在充分发挥自己的能量，是机体自我实现的过程。由此带来的满足感和快乐感，正是进化在告诉我们，我们正在构建未来，为未来储备资源，使我们更有能力应对未来的变化，能够从事更具挑战性和拓展性的活动。因此，感官愉悦带来暂时的生理满足，心流和满意感带来长久的心理成长。从长远来说，后者更有利于人构建自己的美好生活，从深层次来说，更有利于人类的进步。

行文至此，我们可以总结说，孔颜之乐不是感官愉悦，也不是系于外在的追求，也不代表各种情绪情感。而是一种发自内在的心理体验或心理享受，是一种感觉到充实丰盈的积极心境，是一种生命机能自由发展、自然流动所带来的平静而持久的满意感。当这种满意感经常出现时，我们可以说这个人是幸福的，是快乐的。他就是一个实现自我的人,是一个机能健全并得到充分发挥的人,是一个行进在进化之流中的人,是一个完全真实的人,是一个实现了孔颜乐道的人。

> **练习:功过格与快乐日记**
>
> 　　传统儒家有一种自我修养的方法,叫作"功过格",主要是记录每天做的事情,然后进行自我省察,看看哪些是自己做得好、做得对、需要继续坚持的;哪些是做得不好,做得不对,需要改进的。通过这种方法,慢慢将做好事、做有益的事养成一种习惯。由于《了凡四训》的作者袁了凡的大力倡导,很多人都将功过格看作是佛门的事物,实际上这原本是儒家心性修养的方法之一。而我们现在不必将这种方法太道德化,可以用来记录引起我们快乐或者不快乐的事情,以使我们能够逐渐将真实的快乐生活培养成一种习惯。
>
> 　　在本章中,我们提到"心流"是一种非常接近于孔颜之乐的心理体验。你可以每天抽一点时间,记录一天来你所从事的活动,以及在其中的感受和体验。或许,今天在做某件事情的时候,你心无旁骛,全情投入,忘记了时间,当完成这件事情后,内心是满意的、愉悦的,或是有成就感的。又或许,今天在从事某件事情时,你感到身体不适,头脑空白,筋疲力尽,即使勉强地完成了这件事,仍然觉得自己是在浪费时间,感到无聊甚至烦躁。又或许,今天的某件事情让你在做的时候感到很愉悦,但做完之后却感到空虚、疲惫、有负疚感等。这些你都可以将其记录下来。
>
> 　　你可以记得比较简单,只记录是什么事情,导致了什么样的体验。如果时间允许,你可以记录得更详细一些。你可以记录这些事情引发了你怎样的情绪,你产生了什么样的想法,你身体的感受是什么等。你需要坚持一段时间,然后你会逐渐发现,从事

什么事情你可以更多地体验到心流。或者说，什么让你感觉到了生命自然流动带来的满意感。而又是哪些事情带给你相反的感受。这样你会慢慢了解到你的天性是什么，你快乐的源泉是什么。

当你了解了这些，在今后的工作生活中，你就可以尽量地多去从事这样的活动，从而增加你的心流体验，增加你的生活满意度。

曾经有一位独自抚养孩子的单亲妈妈，因为既要照顾孩子，又要上班工作，因此每天从早到晚似乎永远有做不完的事情。她感到自己的生命毫无意义，只是为了生活而生活，为了忙碌而忙碌。在咨询师的建议下，她每天晚上抽出10分钟，记录当天让自己感觉好或不好的事情，并体察自己在从事这些事情时的感受。开始她比较抗拒，觉得自己已经够忙了，还要无端地增加一些事情，不值得。但经过一段时间的记录，她开始有所领悟。她发现，尽管很忙很累，但有一些东西确实能够让自己感觉充满力量。比如在陪孩子做功课时，如果自己不总是去想那些没有完成的工作，或者不断抱怨孩子拖累自己，其实陪孩子是一件快乐的事情。带着这个领悟，她继续进行记录。逐渐地，她开始明确工作和生活中，自己真正喜欢的部分是什么，真正在意的是什么，也明白自己要避免的是什么。同时，她也开始注意到之前被遗忘的乐趣，比如在饭后闲暇时修剪培养多肉类植物，比如周末送孩子参加特长班后，在咖啡厅看书等待的时光。经过几个月的记录，她不仅走出了心理的低谷，更重要的是，在这个过程中，她发现了自己的潜力与优势。尽管她还是做着和从前差不多的事情，但她感到不再那忙乱、疲惫和无意义，她也不再试图与无法左右的事情对抗，而是全心地投入自己的优势和兴趣中去，从而使工作和生活变得更加自如。

如果你也想尝试记录快乐，那么可以参考使用下面的表格。

快乐日记

时间	事件	心情或情绪	身体感受	想　法
1月5日（举例）	练习写字	很愉快，忘记了时间	很舒服，很畅快	这是一个很好的体验，以后可以更多

第二章
人心两面，习气困扰

克己工夫未肯加，吝骄封闭缩如蜗。
试于中夜深思省，剖破藩篱好大家。

——张载《克己复礼》

上一章我们谈到，孔颜之乐是人本身所具有的，是顺着内在生命倾向自然流露的天性快乐，如果是这样，那么孔颜之乐应该是自然而然来的，不需要特别强求才对。然而人却并不能总是体验到这个乐处。

在生活中，我们明明知道心流和满意感会为我们带来更长远的利益，明明知道追求感官愉悦不如心理享受，但我们还是更愿意沉溺于感官愉悦。就像我们知道读书比看肥皂剧更有益，但更多的人习惯坐在电视机前而不是坐在书桌前。通常来说，从事看电视、吸烟、做按摩、吃零食这类感官娱乐活动，对我们来说很容易，它们不会给我们带来挫折感。而要从事能够产生"心流"和"满意感"的事情时，我们常常要面临着挑战或失败。即使是高心流的人，也一样存在着认知的误区，他会主观地认为低心流的人更幸福。高心流的人有时也会希望像低心流的人那样，每天下了班就去逛街、看电视。尽管事实上在测验当中，高心流青少年比低心流青少年的幸福得分要高得多[①]。这似乎就存在一个悖论，既然高心流或心理满意感是自我实现的体现，是生物本来具有的潜能，那为什么在选择上，我们更倾向于沉溺于感官愉悦，而不是心理享受呢？

究其原因，是因为人心有两面性，既有开拓进取的一面，也有固化停滞的一面。进化心理学认为，所有的心理学理论都是内隐或外显的进化论。也就是说，人之所以会有现在的心理特征，就必定有其进化的原因，而人心的这种两面性也不例外。

人性的张力

梁漱溟说"人心"不是别的，就是从原始生命所萌露的一点"生命现象"，经过万亿年的进化，才有现在人心的一切活动。他认为人心表现出来的特征，就是生命本身的特征，就是生物不断地追求主动、追求灵活、不断创新变化的特性，梁漱溟称之为生命的"自觉的能动性"。

根据现有的研究成果，生命起源于少数能够自我复制的化学分子。神经学家丹尼尔·博尔曾经做过一个假设来说明生命是如何产生的：在生命还没有产生之前，存在 A、B、C 三个前生命体（复制体），它们都生活在活火山口附近，因为那里的热量可以供它们产生化学反应，以便进行自我复制。但当这个活火山休眠时，A 由于没有感应环境变化，于是就消亡了。而 B 则能够感应岩石的温度，并与之产生相应化学反应，于是它会飘移到附近的其他火山口，但当附近没有活火山时，B 也消亡了；而 C 则不仅能感应灼热的岩壁，

[①] 马丁·塞利格曼.真实的幸福.洪兰，译.杭州：浙江人民出版社，2010：118—127.

对所有发热源都有所感应，于是当周围没有别的活火山时，它可以寻找并附着在任何的发热源上，以进行自我复制。于是最终 C 存活下来，并进行了大量的复制，保留了它的化学结构，构成了原始的生命体[1]。正是这种积极应对周围环境变化，努力地扩大活动范围和自由度的化学结构，从一开始就成为生命体存在的关键，并成为生物进化的原始动力。因此，生命的特性就在于追求自主性和灵活性，以扩大生存的机会。

而生物从低等向高等进化发展的过程，也是遵循了追求更大的主动性和灵活性这一特性。单细胞动物机体构造很简单，因此它的活动范围就很小，能够主动去改变的方面也很少。而高等生物则可以根据环境的变化做出更加自主灵活的选择。比如随着季节的改变，许多动物可以大范围地进行迁徙，有些动物可以随着环境的变化改变自身的颜色和体征，甚至有些灵长类动物会使用简单的工具以应对环境中的难题等，这些都比低等动物更灵活、更自由、更主动一些。这种生命自主灵活的特性发展到极致的形态，就是人类产生了自我意识。由于有了自我意识，人类就能够通过计划权衡，给自己带来更多的选择余地，争取到更大的主动权，从而实现更加灵活的生存策略。

但一切事物都是相反相成的，生物为了实现更加自主和更加灵活的特性，就需要对一些功能进行固化。这就产生了生命进化的另一个特性，就是机体组织越来越繁杂，越来越精致，而其功能越来越精细化、模块化和自动化。

从本质来说，生命的进化过程就是适应环境和控制环境的过程。

---

[1] 丹尼尔·博尔. 贪婪的大脑. 林旭文, 译. 北京：机械工业出版社, 2014: 35.

一个生物机体在生存的过程中,一方面要根据环境当中随时出现的各种问题,进行灵活主动的适应与调整;另一方面也要为了维持其生命,而进行一些例行的生理活动。于是,在低等生物向高等生物进化的过程中,生物就要将一些特定的功能交给特定的器官去自动执行,以便机体可以有余暇来应对环境中出现的特殊变化。这就呈现出机体不断地分工和整合的生命发展过程。

单细胞生物之所以发展成多细胞生物,就在于细胞之间可以有所分工。比如表层的细胞更倾向于负责感觉刺激,表层下的细胞更倾向于负责运动,而内部的细胞则更倾向于消化吸收,在这些不同分工的细胞之间又会有一些专门负责传递信息的细胞。随着进化的发展,组织分工越来越细致,而功能越来越多,于是细胞形成组织,组织又形成器官。最初负责感觉刺激的细胞组成了皮肤、五官等感觉器官,最初负责运动的细胞组成了骨骼、肌腱等运动组织,最初负责消化吸收的细胞分别组成了各种内脏器官,而那些负责传递信息的细胞则组成了生物的神经组织,由此机体变得异常地繁复。

机体组织器官的繁杂,带来组织功能的模块化和自动化。以消化功能为例,单细胞生物的消化活动极其简单,就是细胞膜凹陷纳入食物,消化之后再由细胞膜排出排泄物,因为简单,所以它能摄取的食物极为单一。而多细胞生物就会有一些专门负责消化吸收的细胞来完成这个生理活动。当进化到更高层次时,这些消化细胞又会分化出不同的功能,比如有些细胞专门负责摄取,有些细胞专门负责分解,有些细胞专门负责吸收,有些细胞专门负责排泄。而当生物进化到较高水平时,这些分工不同的细胞就会形成各种专门的组织器官,如口腔、食管、胃肠以及各种辅助消化的脏器。分工不同的组织器官执行各自特定的功能模块。口腔会自动分泌唾液,舌头会自动搅拌,食管会自动伸缩输送,胃肠会自动进行消化吸收和排泄,于是整个消化活动就由机体按照既定的功能模块自动化地完成。由于消化系统分工的细化,所以越是高等动物可摄取的食物就越丰富,选择食物的余地就越大。

其他的组织器官也无不是遵循着这个进化的规律,大脑的产生也同样是如此。丹尼尔·博尔认为,作为生命起源的化学分子从一开始就要获得有效利用环境的能力,通过与环境的互动产生有用的"想法",然后将之储存起来,从而保持生存优势。这些被储存起来并固化的"想法",规定了生命体最佳的运作方式。如果没有新"想法"产生,原始的化学分子就不可能发展成为原始生命,原始生命也不可能生存、生殖和进化。但如果只是不断产生新"想法",又会造成无法收拾的混乱,同样会失去生存的机会。所以有机体就需要对有用的"想法"不断进行固化,从而保持化学结构或生命机体的相对稳定。

生命体用来储存固化"想法"的载体就是我们所熟知的DNA,DNA通过自我复制,最大限度地保持着固有的生命信息。但DNA的结构相对比较稳定,在应对环境的变化方面力不从心。所以生命体更倾向于通过不断地对DNA进行微调,以产生大同小异的后代来应对。当环境发生突变时,一部分无法适应的后代消亡,但另外一些有所不同的后代得以存在下去,成为优胜者。

这其实也正是达尔文自然选择理论的三要素:变异、遗传和选择。为了能够适应环境,生物就需要更多拥有主动灵活的能力,来应对环境的变化,这就是变异;但想要实现更多的灵活性和主动性,就需要更加稳固的机体结构,就需要对一些优势的机能进行固化,这就是遗传。生物机体必须在环境没有发生变化时保持稳定的状态,在环境发生变化时,可以快速调整以适应变化。在自然的选择下,那些既遗传了强大生存的优势,又能根据环境的变化而不断变异的物种就得以繁衍。

但仅仅依靠 DNA 的遗传和变异来应对环境，相对于环境的快速变化来说，仍然是不够的。于是在神经系统不断完善的背景下，进化的本质促使一批特殊的计算细胞产生，以更加灵活的方式来应对环境的变化，这就是动物的大脑。

大脑通过收集周围环境中的信息，把与生存密切相关的信息储存到神经元上，然后在神经元之间进行模拟环境，以产生新的"想法"。如此一来，机体就不需要修改 DNA 编码，只需要在大脑中储存起来就可以了，当遇到环境变化时，大脑只需要将之前储存的"想法"提取出来，就可以对环境作出适当的反应。并且这样做更加灵活和快速，也不需机体付出什么代价[1]。

人的意识正是在大脑对各种信息进行存储、利用的基础上产生的。人脑在信息处理方面如同原始生命对信息的处理是一样的，一方面不断产生"想法"，就是大脑有意控制的、灵活的、选择性的意识活动；另一方面不断对"想法"进行模块化和固化，就是快速的、不费力的、自动化的无意识活动。意识的主要作用是发现那些可以形成"模块"的信息，然后将"信息模块"交给无意识去运行。

因此，从人的低级本能反应，到高级的意识活动，无不存在着发展变革与固化稳定这两个面向的生命张力。一种力量要紧紧抓住熟悉的东西；另一种力量则要向前寻找新的事物。一方面要保持既有的平衡稳定性；另一方面要打破这种稳定，寻求最佳的突破，使进化得以进行下去。生物的进化，乃至于人的发展，都是在这个张

---

[1] 丹尼尔·博尔.贪婪的大脑.林旭文，译.北京：机械工业出版社，2014.

力之间寻求平衡，在机械反应与灵活主动的对抗中找到平衡点。

通常使我们感觉到愉悦的活动，往往都是自动化的机械行为，比如吃东西、睡懒觉、看电视剧等，都不需要我们主动做什么，身体会自动地进行处理；而产生心流的活动，却往往是富于挑战和创新变化的行为。这就是为什么我们明知道一些感官愉悦对自己长久利益不好，但我们就是无法摆脱它们，因为生命稳定的力量要求我们待在"舒适区"。但进化的另一个力量却在告诉我们，要走出"舒适区"。

现代社会为我们创造了太多的"舒适区"，让我们很容易沉溺其中而不自知。而人心的意义，就是要在生命的张力和冲突中找到平衡点，在稳定的力量上寻找机会，寻求突破和变化。我们需要更多地听从内在声音的召唤，主动走出"舒适区"，克服我们被固化的"想法"，去忠实地呈现我们原有的生命活力，充分发挥自我发展和自我完善的潜力，实现机体进化中所蕴含的变革力量，并由此获得进化的副产品——快乐的奖励，这是就追寻孔颜乐道的生物学意义所在。

认识我们的习气

对于生命中的那些固化的、稳定的力量，在这里我们统称为"习气"。

习气一词源于孔子**"性相近也，习相远也"**一语，意即人的天性差别不大，只是后天学习或习染使人变得不同。而到宋代，儒家才多用气质、习心或习气一词。

宋儒张载提出"天地之性"与"气质之性"的人性说。天地之性，是来源于天地本然之性，也就是人性中至清至纯的部分。而气质之性,是指气聚为有形万物之后而形成的特性①。因为"气聚"条件的不同,就会导致阴阳清浊的偏差,所以人就会产生生理上或心理上的偏差,也就是"气质之性"的偏差。人只有不断地纠正气质之性的偏差,才能克服自己存在的缺点,达到普遍的至清至善的"天地之性"。程颢则提出习心说:"**盖良知良能元不丧失,以昔日习心未除,却须存习此心,久则可夺旧习。**"②意思是说,人的天性本来很好,也不会失去,之所以不能显露,是因为以前养成了一些不好的习气,这需要对天性本心进行存养,时间久了就可以去掉不好的习气。

习气、习心在传统当中多被看作是明心见性的一大障碍。如王阳明在《与克彰太叔》中道:"**夫恶念者,习气也;善念者,本性也;本性为习气所汨者,由于志之不立也。故凡学者为习所移,气所胜,则惟务痛惩其志。**"意思是说,恶念是后天的习气,善念是先天的本性;本性被习气扰乱,那是因为没有立定志向。因此凡是修学的人,内心因不良习惯而改变(习所移),被不良嗜欲所占据(气所胜),就应该好好地反省,并端正自己的志向。这里将习气解为恶念可再论,但是比较清楚地将习和气分开来说。王时槐也说:"**性本至善,自受形之后,情为物引,渐与性违,习久内熏,脉脉潜注,如种投地,难以遽拔,是谓习气。**"意思是说,人的天性本善,自有了血肉之躯,情志被外物所引,逐渐与天性相违背,积累得时间长了就会内化于身心,就是像种子进到土壤中生根发芽,就不太容易拔除,成为了习气。

近代学者马一浮会通佛儒,认为:"**佛家千言万语,不外两事。**

---

① 蔡方鹿.宋明理学心性论.成都:巴蜀书社,2009:63.
② 程颢.二程集.北京:中华书局,2008:130.

所破者为感染执着，虚妄分别，此皆习心。所显者为真如涅槃，此即本心。儒家所谓私欲或己私，即习心。一名人心。所谓天理、良知、明德，即本心，一名道心"。他直接将佛家所谓执着心、虚妄心、分别心，以及儒家所谓私欲、己私皆视为习气。认为习气是心中之夷狄，埋没本性之具。并强调去除"习气"的为学工夫，"从上圣贤，教人识取自性，从习气中解放出来"。

以上诸家，大体是将人的物质性和生理性的特征，定义为"气质"，而将心理层面的习气定义"习心"，都是相对于先天的"本心""天心""道心"而言的。儒家各派学说虽有不同，但总的来说习气包括了这两个方面。

近代大儒梁漱溟则对习气进行了心理学上的解读。本书对习气的定义，基本是采自梁漱溟的观点。他认为，人的心性是自觉清明的（约等于张载的天地之性），人性自然地发露出来的是真实的情感，这部分是灵活变化的。而习气相对于人的天性与心性，是固定不变或不易变化的。他将习气分为两部分，习是习惯，气是气质。

气质是先天的秉性，是包括体质、本能在内，实际相当于现在所说的遗传因素。是指从父母处遗传的天生的性格、个性，是人性中比较难改变的部分。有的人天生很容易冲动生气，而有的人则生来比较平和，这都是气质的作用。先天的性格气质还会因为所处的环境不同而有所不同，这就造成了某个地域或某个族群的整体相似性。所以，先天的气质既有家族性，也有族群性或地域性。

而习惯，则是在个体成长过程中形成。心理学中所谓的行为模式、情绪模式、情感模式，都可以看作是习惯。根据心理学的理论，人的主要心理特征、行为模式是在环境的互动中产生的，其中父母的影响是最深刻的，也就是说虽然并非是遗传，但很多后天的习气仍是从父母处习得的。这些习惯的形成是极其自然的过程，作为人本身往往自己意识不到。

可以说习气就是人为了适应环境、适应发展的需要，派生出来的各种固定的身体反应、行为模式、乃至情感与思维。尽管说习惯是后天慢慢养成，但如果从人类进化的历史角度来看，气质也相当于是习惯，是在人类进化过程中形成的习惯，然后通过遗传代代相续。

习气并非不好

我们前面说，生物个体发展的一个最显著的规律，就是机体越来越复杂，机体各部分分工就越细，相应固化的机械反应和自动化反应就越多、越复杂。人体的大部分器官组织都不是我们有意识地安排使之运行的，一切都是按其自然进化的分工有序地进行着，这种有序的、自然的、自动化的运行，就是机体相对稳定的特性，也正是机体形成习气的生物基础。换言之，习气是机体为了在环境中保持稳定状态而发展来的自动化反应。这些自动化、习性化的反应可以使各种生物乃至人类，快速地适应出生后的环境，并沿着祖先进化的方向继续前行。

最普遍而广为人知的就是条件反射和非条件反射。非条件反射基本上都是生理层面的习气反应，是完全的本能产物，是生物的最基础生存能力，与生俱来并且恒定不变。就像巴普洛夫著名反射实验的那条狗，吃东西时就会分泌唾液一样，是一种比较低级的神经活动，由大脑皮层以下的神经中枢（如脑干、脊髓）参与即可完成。人的很多生理性的活动，如生下就会哭、就会吮吸乳汁、就会翻身爬动等，都是与生俱来、不学而能的。

而条件反射则更能使我们观察到习气的养成过程。巴普洛夫发现,当给予动物一个反复的刺激时,动物就会形成特定反射习惯。条件反射是动物进化到较高程度的表现,因为条件反射提高了动物对环境的适应能力,大脑越发达的动物,建立的条件反射也就越复杂。马戏团的动物之所以能够做出各种高难度的动作和行为,都是驯养员利用了动物条件反射的机制。其实,条件反射和非条件反射就是生物进化当中稳定力量的具体体现,就是对生物适应行为的固化。

动物的自动化反应完全是无意识的"刺激-反应"过程,但人类却具备了自我意识,于是,在机体这种自动化反应与有意识的自我控制之间,形成了人类的一种特殊心理现象:一方面我们自以为是地认为自己控制着整个意识活动;另一方面无意识自动完成了我们的大部分活动。根据一系列的研究结果显示,我们对自己的行为和心理感受进行有意识控制的时间仅占5%左右。也就是说,我们的生活在很大程度上仍然是由无意识的、自动化的生理和心理过程来主导完成的。

人类自动化的心理过程主要有两个来源。一个是无意识的经历,这是完全不受我们自己控制的部分。比如,当我们深夜走在路上时,突然感觉从侧面袭来一阵急风,通常人会不假思索地跳开,这个过程不受我们的意识控制,只有在我们稍稍冷静下来时,才有可能意识到刚才到底发生了什么。之所以会这样的反应,是因为身体已经储存了在类似场景有可能发生的后果,大脑会在一瞬间进行自动处理。我们在成长的过程中,学会说母语、养成各种生活习惯和行为规范等等,其实都是无意识的经历。

另一个来源是有意识地认知和行为训练。我们生活中的很多活动,其实都在主动运用习气的这种功能,像洗脸、刷牙、打球、游泳等各种技能,大都通过有意识地反复练习,达到熟能生巧的地步后，就不再依赖有意识的自我控制来管理。这种能力让我们可以去做更多的事情，避免我们把自己束缚在有限的几件事情上。以骑车为例，当我们学骑车时，我们会全身心地关注在骑车这件事上，不敢有分心，如果分心，就可能会摔倒。但当我们已经学会时，我们就可以骑在车子上与人聊天，可以打电话，也可以想别的事，而我们的身体会自动将骑车这件事处理得很好。只有当前面出现危险时，我们才会集中精神，一旦危险过去，我们又会将注意分散到别的事情上。再比如，当孩子做了一件好事或一个好的行为时，我们给予适当的奖励，就会强化他的这个行为，使之成为一种习惯。而一旦成为习惯时，今后在面临同样的情境时，他就会不假思索地按照习惯去行动。

这种模块化、自动化的生理心理运作方式，其实对我们的生存活动具有非常重要的意义。一方面，可以使人固化某些的行为习惯和模式，以便更好地适应环境；另一方面，可以节约我们的心理能量，把精力集中到生活中最重要的事情上去。

人在正常的觉醒状态下，随时都能监控正在体验到的东西，但却并非所有的东西都能进入知觉领域，通常大脑只把最新异、最重要的事情带到意识领域的最前面，让我们进行处理，而其他的常规的、非特异性的事情，就由无意识去自动完成，这在心理学中称之为"选择性注意"[1]。心理学家研究发现，人的这种有意注意的资源其实非常有限，一个人很难同时从事多个需要有意识控制的事情，长期从事需要有意识控制的任务，人的自我管理能力就会趋于衰弱。

我们在生活中要面对各种繁杂的心理任务，比如要感知环境的

---

[1] 克里斯托弗·彼得森.积极心理学.徐红，译.北京：群言出版社，2010：81.

变化、要进行各种判断决策、要对刺激做出反应等，人的大脑不可能全部进行有意识地控制。而自动化的心理过程却可以不受有限的注意资源限制，对心理能量的耗费非常少，甚至不消耗，实际上在很大程度上节省了我们的心理控制资源，避免了"自我耗竭"的发生。正如现代生活中的各种自动化装备一样，自动化的习气将我们从繁杂的常规事务中解放出来，使我们可以将有限而珍贵的认知资源投放到更重要的任务上去。

总的来说，习气对人类以及各种生物的进化和生存有着极其重大意义，但习气同时也是一把双刃剑，一方面它使生物更容易地适应环境，更容易生存和繁衍；但另一方面，每当环境有所变化时，过于固化的习气反而成为进一步发展的障碍，有时随着进化发展与环境的改变，甚至会产生固着和扭曲，成为生命进化的反向力量。

习气的固着与扭曲

按照传统的说法，一般认为人的天性是纯净的，而习气是后天的"染着"或"杂染"而来，如果能够去掉这些染着的习气，天性自然就会显露出来，于是这个天性才会有"自性""本心""天心""道心"的说法。事实上不仅是在中国，世界各地各个时期都有类似的观点，强调在我们污浊的身体之外，还有一个纯粹纯净的心灵境界。当然这只是传统的看法，从进化论的角度来看，作为人性的一些优秀特质，还是从低等动物一点点进化而来的，并不是先天具足的。人之所以会出现高级的理智和情感，乃至于产生超越性的智慧，也都是进化的结果，而并非是"去染"的结果。

我们在第一章已经阐明了，按照人本主义的观点，自我实现是人的第一天性，它来源于有机体自我完善的"实现倾向"，这是进化的原动力,是一切生物包括人类的第一驱动力。同时,人类生来也会带有很多和其他生物一样的本能习气,比如食欲、性欲、攻击性等,这些与生存和繁衍密切相关的本能,根深蒂固地写在基因当中,深刻地影响着人类的行为。作为生物最重要的生存与生殖驱力,其最初的产生必然是因为它适应了机体自我完成的第一驱动力。但随着进化的发展和环境的改变,它们有时却会与第一驱动力相背离。

孔子说:**"吾未见有好德如好色者也"**,好美德与好美色都是人性的一部分,并列存在于我们的身体里,好美色本来是基于优化基因的生物策略,但有些时候,却与人的社会化发展相冲突,让我们需要在现实情境中作出抉择。许多其他的本能行为也是如此,会因为无法适应人类生活环境的变化,成为了固着的习气,影响到了个体的发展。似乎在人类的进化过程中,出现了许多自相矛盾的地方。之所以会出现这样的情况,其中原因之一,是机体的进化过程并不是提前设计好的,而是不断地修正完善和平衡的结果。

机体无法预测未来的环境会发生什么,它只能根据环境的变化,在机体现有的基础上,不断地添加和抑制某些功能。当环境需要机体产生新的功能时,机体就会进化出来一个功能。当环境不需要机体的某种功能时,机体就会将这个功能退化掉,如果不能退化掉,它就再进化出一个抑制的功能,来平衡那个退化不掉的功能。机体的进化就是处在这样一个不断地修修补补的过程,因为生物进化的已经如此精细,哪个物种都不可能全部推倒重来。以人类的脊柱为例,按照常规的进化进程看,大多数哺乳动物都应该是四肢行走,但人类为了解放双手和支撑起大比例的脑袋,选择了直立行走。但脊柱已经不能重新进行设计安装了,只能在现有结构上进行调整,但这种调整其实并不完善,因此人类不得不承受各种颈椎腰椎疾病的痛苦。

机体这种不断地修修补补的进化过程，同样体现在人类大脑中，表现为各种脑功能的相互克制与补充。心理学家乔纳森·海特将之称为"大脑的加盖"现象。意思是，我们的大脑好像是盖房子一样，原来我们有一个小屋，用来吃饭和睡觉，就相当于我们的脑干、脊髓。但后来，我们觉得仅仅一间小屋不够用，我们不能只满足于吃饭睡觉，我们还要防盗防抢，但又不能把原来的小屋拆了重新设计重新盖，于是就在原来已经盖好的房子上，加盖了一层炮楼，就相当于我们的边缘系统（杏仁核），这样受到侵略的时候，我们能产生反应，进行攻防。之后，我们觉得还不行，感情用事有时并不能完全避免损失，于是我们在炮楼上又加盖了一层资料室，以便进行归纳总结经验，更好地面对实际情况，这就相当于我们大脑的新皮质。但我们还是觉得不够，于是我们又在资料室上又加了一个指挥部，这样我们就能综合分析，弄清来的是友还是敌，我们是要开门还是要开炮，这就相当于我们的大脑前额叶。就这样，原来设计的功能还保留着，当出现了新的需求时，就在原来的基础上加一层，一次次地加盖，形成了我们现在的大脑。

由于是不断加盖的结果，所以大脑并不完全是一个协调的整体，而是由许多自主功能的模块结合在一起的组织。这些模块往往都有自己的运作规律，有时可以相互协调，但有时也会彼此冲突。就好像上面的指挥塔根据资料室提供的信息觉得来了客人，要求开门，但下面的炮楼却认为是敌人，坚持要开火。当它们之间不能进行有效协调时，我们就会产生心理上的冲突体验。

大脑的这种"加盖"现象，也说明了我们为什么经常无法有效地控制自己的行为。好像炮楼（杏仁核）的功能就是要用主动攻击来保护自己的，当它觉得的危险时，它就直接开火来履行自己的职责，它有时并不理解上面的资料室或者指挥塔的意见。可以想象，炮楼是在人类的蛮荒时代建造的，所以面对危机四伏的环境，就养成了这种不问所以就开火的习气，这种习气可能正是个体赖以生存下来的重要因素。尽管新近进化出来的大脑皮质能够对杏仁核有抑制的作用，但却不能完全地接管它的工作。就像一个新上任的指挥官，虽然有权利管理所有士兵，但对一个立下赫赫战功的老炮兵却不一定能够令行禁止。只是在现代文明社会里，过于情绪化的冲动反应并不那么适应新环境的需要，它也就变成了一种固化的有碍发展的习气。

人本主义心理学认为，我们身上存在着复杂的驱动力或内在动机，既有比较原始的食欲、性欲、攻击性等，也有比较高级的亲情、友情、利他、自尊、荣誉感等，它们由于进化的累积，全都充斥在我们的身体和头脑里，也会因此产生各种冲突和矛盾。但"所有动机的基础是生物的实现倾向"[1]，无论是接近于动物本能的原始驱力，还是那些人类特有的社会化的高级情感需求，都属于次级驱力，归根结底是由实现倾向的第一驱力在适应环境的过程中派生出来的，这有赖于我们去如何平衡中道地发展它们。

《中庸》说："**天命之谓性，率性之谓道**"。这个天命之"性"，就是天地自然的大环境塑造和赋予人的内在本性，可以说就是自我完善、自我发展和自我实现的第一驱动力。这个驱动力推动着人在出生伊始就努力地与环境、与他人相适应。此时，如果婴儿获得的是正面体验，那么他的天性就会得到正常的发展，他与周围就会和谐，即发展出"中和"的性情，所有的本能、情感、体验、理智等都和谐地统一在"实现倾向"这个驱力之下，这就是"率性之道"。

---

[1] 卡尔·罗杰斯. 论人的成长. 石孟磊, 等, 译. 北京: 世界图书出版公司, 2015: 94.

反之，如果他得的是负性体验，则天性就会受到压抑，于是人性当中的某些部分畸形发展（如攻击力或性），压倒或侵害了人性中其他的部分，这时形成的种种习气实际上就是变成扭曲与固着的状态，人格就会出现大大小小的障碍，严重一些的就可能会表现为各种心理疾病。但无论如何压抑，"天命之性"或"实现倾向"始终是核心的、真实不变的动力，始终存在于人的身上。

当习气固化或者扭曲时，不能满足天性发展的需要时，就会制约人的内在成长动机。此时，追求自我变革的天性与固化的习气之间必然产生矛盾与抗争，人因此会感觉到纠结难过，形成内在冲突，这就需要对习气进行对治，回归到天性本身的道路上来，这就是"致中和"。为了更清晰地理解我们自身的习气，以便在自我修养中有的放矢，我们接下来会重点阐述人的3种自动化反应。

身体上的习气

在身体方面的习气是比较好理解的，就是在生理层面的自动化反应，更多是表现为本能的。俗话说"人有三急"，在生活当中，当身体有了需要的时候，你是没法阻挡的，而且有时越阻挡越会让我们出糗，我们经常能体会到这种身体的自动反应带来的不便。

《礼记·礼运》上说："**饮食男女，人之大欲存焉**"，说的就是食欲和性欲是人类最根本的两大欲望，其实这代表了生物生存与繁衍这两大最主要的生命活动。如果没有食欲，人将难以生存，如果没有性欲，人将难以繁衍。正是有赖于两大习气，动物得以生存并不断进化，人类得以出现并不断繁衍。人的很多习气也都是为了满足生存和繁衍这两大需求所派生出来的。在亿万年的进化过程中，这两个需求是如此迫切和重要，围绕着这两个需求所形成的习气是如此的根深蒂固,很多时候,我们都将这些本能视为是理所当然的,甚至是天经地义的。但实际上,进化有时并不是无懈可击,正如前面我们已经提到过的,很多的本能都是为了适应某种环境而进化来的,但进化是一个缓慢的过程,有时需要数千代的转变,但环境的变化却相对要快得多,这就产生了我们的适应跟不上环境变化、落后于环境变化的"进化迟滞"问题[1]。尽管我们的机体不断地修修补补,但仍然有大量固化的习气留在我们的身体里面。

按照《人类简史》的作者尤瓦尔·赫拉利的说法,人类尽管发展出了高度的文明,看起来与其他生物已经迥然有异,但其实仍然没有打破生物因素的限制。人类现在的生活环境已经与古老的狩猎采集社会完全不同,但人类的身体并没有什么突破性的变化,我们还保留着狩猎采集者的思维方式和身体欲望[2]。

以人对高热量食物的偏爱为例,这种本能是在原始社会就已经形成的,人类对甜食和充满油脂的食物总是宠爱有加。在原始人类的活动环境当中,高热量的食物是非常罕见的。对于采集者来说,假如他们能够幸运地遇到一树熟透的水果时,最聪明的选择就是能吃多少吃多少,直到吃不下为止,因为他们既不能储存,也不能防止其他动物吃掉。而对于狩猎者来说,显然动物的脂肪能给他们提供更多的能量,以便从事更有强度活动,并且在冬季植物食物匮乏时,动物脂肪更是非常重要的营养来源,能够提供更多抵抗寒冷的热量。这种看到甜甜的或油油的食物就忍不住大口吃下的本能反应就印刻在我们的基因里,即使到了现在食物极大丰富的现代社会,

---

[1] 戴维·巴斯. 进化心理学. 张勇, 蒋柯, 译. 北京: 商务印书馆, 2015: 20.
[2] 卡瓦尔·赫拉利. 人类简史. 林俊宏, 译. 北京: 中信出版社, 2014: 41—42.

我们也没有摆脱这种生物限制。反映在我们的身体上，就是每当看到甜食或充满油脂香味的食物，我们就会分泌出大量的唾液，胃肠也会立即做好消化的准备，以至于我们以为自己真的饿了，当我们以为自己只是想吃一小块解解馋时，却发现我们根本没有停下来的愿望。对待其他的食物也是如此，但这种追求高热量的本能偏好已经不适应现代社会，越来越多的人面对的问题已经不是营养缺乏，而是营养过剩了。当基本的生理需求满足之后，如果还是一味地追求高热量，就会在一定程度上造成肥胖。过多的脂肪积累会使身体活动受到限制，并且增加了患慢性病的概率，缩短寿命。这实际上就对我们的生存起到了反作用，违反了进化的本意。

在性欲方面也是如此。我们与性相关的种种欲望都是生物繁殖需要的衍生物，没有这些欲望，人类就不会出现在这个世界上。古语道："饱暖思淫欲，饥寒起盗心"，除了温饱安全的生存需要之外，繁殖的需要就首当其冲。但人类的性本能如同食欲一样，还停留在石器时代，甚至更早的动物时期。

大多数动物在繁殖行为上都倾向于选择更多繁殖机会，在有限的条件下，则倾向于选择携带更优秀基因的异性。只要有可能，动物大多会尽可能多地与异性交配，以产生更多的后代，这种多多益善的交配基因，自然也就更容易遗传下来，并且也坚定地留在了人类的身上。人类社会由于经济和文化发展的需要，大多建立起了一夫一妻的婚姻制度，超越这个制度就会带来道德和经济的风险，甚至是法律制裁。在这种情况下，尽管人们恪守着一夫一妻的社会制度，但寻找更多配偶的愿望并没有停止，这可以说是当代社会比较突出的一个现象。各种出轨或性丑闻的新闻总是最能吸引人们的眼球，我们只要闭上眼睛稍微想一下，就会有诸如薛蛮子、伍兹、克林顿等一长串的名字和事例浮现出来。这些人都是各行各业精英，他们经历过的现实考验不可谓不多，但仍然无法避免被身体的习气反应所困扰。很多时候，尽管我们在理性上知道恪守道德规范的重要性，但身体却并不那么听话。

　　人类有时不需要太多东西，就会触发身体的欲望。一个小小的美瞳就可以令女孩看来更有吸引力，因为戴上美瞳会显得瞳孔更大一些，而瞳孔变大是性兴奋的身体反应之一，男性在看到瞳孔更大的女孩时，只是觉得似乎更美丽，但却并不知道自己是受到了性兴奋的暗示。女性的三围比例是区别生育能力的最明显的生物特性，当男人觉得女人身材好时，是身体在暗示，她比较适合养育后代。现代隆胸隆臀以及抽脂技术已经能够帮助女性重塑身体，但男人的对三围比例的热爱并没有变，即使他知道这个女孩胸部和臀部里面安装的硅胶与生育没有半点关系，他仍然会觉得很有吸引力。整容业的兴盛发达正是对应着我们这种盲目的习气，我们只知道被吸引，而不知道为什么被吸引。

　　当前社会出于商业化的目的，也无时无刻不在利用和诱发这种习气。以上网为例，随便打开几个网页，就可能会有各种美女帅男的图片弹出来。尽管我们知道，那都是一些吸引人们去点击的链接而已，对工作和生活一点意义也没有，但仍然很容易地吸引我们的目光。身体就是这样忠实地为自己的繁衍尽力，不放过任何可能的机会，即使那只是一堆虚幻之物。

　　就目前来说，对于性、爱、婚姻以及色情文化的各种争论都有，有的保守一些，有的开放一些，也有的比较极端一些。但现在远远不是得出结论的时候，因为性欲这个习气几乎贯穿了整个生物进化史，其意义重大，其固化深重。人类在上万年的进化历程中，性快乐一直是完成生殖繁育的副产品，甚至在一些清教徒和道学先生的眼里，不是为生育而进行的性活动都是不道德的。而人类能够控制生育，使性快乐成为与繁殖无关的、完全为了满足身体快感的活动，只是近百年的事情。根深蒂固的生物习气与骤然变化的社会环境之间，形成了巨大的反差。因此，在我们这个时代，要人们拿定主意是改变习气适应新环境，还是改变环境适应这个需要，真不是个简单的问题，于是在很多情境下，身体就自动地替我们做出了决定。

任何生理本能在其产生之初，都是根据相应的生存环境和需要而产生的，而且越是重要的生存本能，在传播中就越具有优势，在进化中就越容易变得固化。因此，对于我们身体的各种欲望，是有其存在的合理性和必然性，决不能轻易否定。只是任何一种本能的需要如果超出了界限，都会带来反作用。重者导致某个族群的灭绝，轻者也会给个体的发展带来阻滞。

朱熹说："饮食者，天理也；要求美味，人欲也"，"饥便食，渴便饮，只得顺他。穷口腹之欲便不是。"在传统儒学当中，天理和人欲也并不是对立的，而是渐进的，正常饮食就是天性，但过于贪图美味就成了嗜欲，就成了一种习气固着，反而会给人带来灾难。人类现在已经成为地球上无可争议的霸主，物质生活、和平环境等都处于有史以来最好的水平，但人类似乎远没有得到满足的快乐，这多少得归咎于我们身上诸多固化的习气。明白这些道理，并不是要我们取消这些欲求，而要对其有客观的认识，不要被其盲目的自动化反应所左右。

情绪与情感的习气

人类有很多情绪体验，如快乐、兴奋等积极情绪，和恐惧、愤怒、哀伤等消极情绪。无论是消极情绪还是积极情绪，都是进化的产物。特别是消极情绪，对于人类来讲，有着重要的自我保护作用。

比如在我们遇到意外事故、遇到犯罪分子侵害等情况时，都需要消极情绪来促使我们作出快速应对。即便是在平常的生活中，它也可以使我们避免陷入"温水煮青蛙"的困境中。但如果消极情绪出现了过犹不及的状况，就会限制人类开拓、探索的本性，走向进化的反面。

以愤怒这个常见的情绪为例，如果压抑这个情绪，就会对自身带来很多的伤害，经常生闷气会诱发很多疾病，这也早已经成为共识。但如果让愤怒随意暴发，其实对自己也没有好处，实验已经证实，经常发火的人更容易患高血压等心血管疾病，不仅对自己没有好处，也很容易对他人造成伤害，引起人际关系紧张等问题。如果愤怒又习惯化地诉诸武力，那就更加要不得。在一个弱肉强食的环境中，愤怒带来肢体的冲突，可以有效解决矛盾，但在现代社会中，矛盾的解决则越来越倾向于协商或诉诸法律，肢体冲突反而是一种违反人类社会契约、造成社会不稳定因素的有害行为。因此，愤怒与攻击，这在原始人的丛林生活中是必须具有的能力，但在人类的文明社会里，愤怒和攻击则越来越显得无用且有害，需要加以改变或是升华，使之变得合乎情理。

情感则是在情绪的基础上发展而来的，一个事物经常令我们感到喜悦的积极情绪，那我们就会对其产生爱和想要亲近的情感体验，如果一个事物总是令我们感到不快的负面情绪，那么我们就会对其产生厌恶的、痛恨的、想要远离的情感体验。情绪和情感都是从人的天性生发出来的，用梁漱溟的话说："喜怒哀乐之情不外是生命本原从机体辟创得几许活动自由所流露的征兆"[1]，意思是说喜怒哀乐的情绪，是机体驱动着人向正确方向发展的信号，当我们顺着人性天

---

[1] 梁漱溟.人心与人生.上海：上海人民出版社，2011：149.

性的要求发展时，我们更多地会体验到正面的情感，当我们逆着天性的要求时，我们就会更多地体验到负面的情感。

不过，有时习气的作用会令我们产生扭曲的情感体验。本来"**好好色，恶恶臭**"是人的天性，但有时会出现"恶好色，好恶臭"的现象。举个极端的例子，比如受虐行为，就是把本来痛苦的体验，扭曲为兴奋感和欣快感。按照精神分析理论，之所以产生这样情感扭曲的结果，其大多在幼年时有过受侵害的经历，当面对施虐无能为力的时候，反而会对施虐者产生依恋。成年后，为了找到自以为的快乐感和安全感，就会主动寻求受虐。从人本主义的人性发展角度来说，这种受虐的需求是在人性发展的第一需求的推动下，产生的二级需求。而从习气的角度来说，是童年的被虐经历造成了受虐的习气，这种习气是机体为适应环境而产生的行为，但这并非是天性的直接生发，而是一种扭曲的发展，它代替了天性的真实发露，在这种情况下，在感受兴奋与快感的同时，内心往往是夹杂着矛盾与痛苦。

如果从行为主义心理学的角度来看，情感或情绪发生扭曲的现象也是一种条件情绪反射[①]。如在特定的环境条件下，一个人可能对本来无害的东西产生了不必要的负面情绪，并且对相似的事物形成泛化的自动化的情绪反应。

有一个来访者提到的这样一件事，他曾经喜欢过一个女孩子，女孩子对他也有感情，他觉得什么都好，就是经常从她身上闻到一种曾相识但又不知道是什么的味道，他觉得这是她的体味，令他感到厌恶，不能忍受，最终致使他们的情感没有继续下去。很多年以

---

① 罗杰·霍克.改变心理学的40项研究.白学军，等，译.北京：人民邮电出版社，2014：81.

后，他在一次洗手时，突然又闻到了那种味道，他发现那是一种香皂的味道，并记起自己的妹妹曾经用过这种香皂，于是他恍然大悟，他之所在那个女孩身上闻到这种香皂味而厌恶她，是因为在潜意识里将女朋友与妹妹联系在了一起。他厌恶的不是这个香皂味，他是对潜意识当中的乱伦愿望感到厌恶。从这个例子中，也可以看到我们的情感多么不受我们自己的控制，很多时候，它们只是在按照自己的规律运行，而你根本不知道那是为什么而发生的。

认知与思维的习气

通常来说，我们都认为自己是理智的，并且认为我们的想法和思维是自己可以完全控制和掌握的。但就现代神经学研究发现，所谓理智的认知，也并非是我们自认为的那么准确，而是被许多无意识的自动化反应所左右。科学家发现，很多时候并不是我们的大脑在指挥身体，而是身体已经做出了决定，甚至行为已经开始了，大脑才开始启动诠释模块，根据已经发生的情况做出"合理的解释"。这种情况在我们欣赏艺术品和做道德判断时，很容易出现。当我们在欣赏一幅画时，会感到很美，但其实我们并不知道我们为什么会有这种美好的感觉。假如此时有人问我们为什么觉得美时，我们可能就会随口编一些理由来进行说明。但到底是不是那样的，可能连自己都搞不清楚①。

心理学家贝克发现，人非常容易产生固定的思维模式。用贝克的例子来说，你现在在看这本书，一方面你的部分注意力放在书的

---

① 乔纳森·海特.象与骑象人.李静瑶，译.杭州：浙江人民出版社，2012：148.

内容上，以试图了解这本书在说什么。而另一方面，你可能同时产生一些快速的评价思维。这些思维并不是通过理性的思考得来，而是自动出现，并且既简单又快速。你可能勉强意识到这些思维，也可能根本意识不到有这些思维，你更多的是意识到因为这些思维所带来的情绪和情感反应。这个自动出现的不受你控制的自我评价思维，就是贝克所说的"自动思维"。它揭示了我们在认知层面的一个重要的习气特性，即我们的头脑就像我们的身体一样，会对特定的事物产生特定的反应。之所以会产生自动思维，贝克认为是因为我们的头脑之前已经接受了某些坚定不移的"信念"。

继续以读书为例，假如一个人有"我总是做不好一件事情"的信念，那么读书过程中稍有不理解的地方，就可能会产生"这本书太难，我肯定看不完"的自动化思维，继而出现烦躁或恼怒的情绪，甚至有胸闷或头晕之类的身体反应，最终产生合上书，不再看的行为。反之，假如有一个"我总是可以做好一件事"的信念，那么在读书过程中遇到难以理解的部分，就可能产生"这本书有些看不懂，但我多读几遍应该就没问题了"的思维，那么就会继续读下去。也就是相同的一件事，因为背后的信念不同，得到的行为结果也不相同。这种自动化的思维模式既强大又不可捉摸，经常会左右情绪和情感的变化。

大多数已形成的信念，是从人早期发展中习得而来的，是为了更好地适应自身所处的成长环境和生存条件，所建立起来的对事物固定的认识和看法。这些认识和看法，未必一定是正确的，但在当时所处的环境中，是人所能做出的最优的选择。如果在一个适合天性发展环境中成长起来，那么人就会产生具有良好功能的合理信念，而如果是在一个不太适合天性发展的环境中成长，那么为了保持与周围环境或人际关系之间的协调，就会扭曲部分功能和正确性，以便获得更多的生存机会。这一方面说明了环境对人发展的重要性，思想信念和思维方式受环境的影响很大；另一方面则说明了在特定环境中养成的特定习气，会深刻影响到人的一生，但在我们发觉以后，如果进行积极矫正，可以快速得到改善。

习气的连锁反应

我们将身体、情绪与情感、认知与思维分开来说，主要是为了便于说明，实际上这些自动化的反应是相互影响、相互转化的。在生活中，大多时候我们是在不自觉的情况下，陷入这些自动化反应的习气里而不自知。一个人会因为愤怒的情绪，感觉到身体的不适，进而产生另一个愤怒的想法，而这个愤怒的想法反过来又会强化愤怒的情绪。又或者只是感到身体有点不舒服，于是觉得自己毛病太多，产生了不合理的想法，于是引起了悲伤的情绪，而悲伤的情绪又进一步加重了身体不舒服的感受，反过来再影响到心情，如此循环往复。这就是身体感受、认知、情绪之间的连锁反应，很容易就会形成一个循环的回路，就像我们平时说的"越想越气，越气越想"。

举个例子来说，如果你周末在家很清闲，一切感觉很好。但你突然想到明天上班有个重要事情，于是你产生了一个想法"我总是有这么多的事情要处理"，这个想法引起了你愤懑的情绪，然后你开始觉得胸口很闷。你进而想到自己经常有压力会不会生病，然后觉得身体更不舒服了，不免想到"弄不好自己真的已经生了什么病"，于是这个想法，又引起了你伤感的情绪，你觉得自己生活太不如意了，情绪又进一步低落。本来轻松愉快的周末，最终变得忧心忡忡，假如这个时候，某个家人没有注意到你的情绪，请你帮个忙，你可能又会把不良的情绪宣泄到家人的身上，搞得整个家庭气氛都不好了。当然这可能是一个比较极端的例子，我们举这个例子是为了说明，有时候外在环境一点变化都没有，完全是我们内在的自动化反应在连环发生。

我们大脑有一种厌恶机制，就是一旦发现有什么不对劲，就要想方设法地摆脱，这种厌恶的反应机制对外是有作用的。比如，我们走在森林里，隐隐地似乎听到有某种响动，这时，我们会感到不安，于是大脑就会启动厌恶机制，想办法消除这种不安的感觉，而不是对这种不安的感觉无动于衷。我们会观察一下周围环境，看看是否有什么动物之类的在接近，直到确认没有危险后，不安感消失了，大脑才会允许接下来做别的事。但有时，一些不安感或问题来自我们的自身内部，有时仅仅只是头脑中的一个不安想法，这种厌恶的反应机制也会被启动，要求身体消除这个不安的感受，但来自我们自身内部的问题，有时是不能消除的。假如你因为一个想法，比如"我不够好"，而感觉不安时，厌恶机制就会启动，它会不断地提醒身体保持警惕，看看是哪里出了问题。但"我不够好"只是一个内在的自我评价，你没办法很容易地证明这个想法是对还是错，于是大脑的厌恶机制就会一直对这个不安感进行工作，可能你会不断地一会想是这样，一会想不是这样，一会想别人说什么，一会想自己都干了什么，越证明不了越要证明，不安又引发焦虑。而如果这是个隐性想法，那就更加麻烦，你都不知自己有这样一个想法，因此就根本不可能纠正这个认识，但大脑的厌恶机制并不会因此而罢休，它会一直对这个不安感进行工作，于是身体和头脑就会老是处在一种应激状态中，这在无形之中给自己带来了紧张和压力。焦虑症和抑郁症患者在很大程度上，都是不自觉地陷入了这种自我折磨的怪圈而无法自拔。

在这个自动反应的过程中，很容易让我们忽略掉情绪和身体的关联。很多时候，我们以为是某个事情让我们心情不好，但其实是多种原因所造成的，可能身体的疲倦感诱发了情绪的波动，也有可能是一些想法引起了情绪的波动。反过来也是这样，当我们身体感觉疲惫不适的时候，我们总是认为是某个行为引起的，是因为身体本身很累，但其实身体的不适感很多情况可能是情绪带来的。据统计，80%的抑郁症患者就诊的原因是身体的问题，而不是情绪的问题。这些习气是如此得强大，强大到我们自己都很难察觉到的地步。正如明儒王塘南所说："习气不唯难克，习气亦且难知。所谓习气者，亦无声臭，但根株未拔，则当其未萌时，无可踪迹，及触境而露，则突然忽然，不可扑灭矣。"习气不仅很难克除，而且很难知道。这些习气在平日里，无声无息，好像是不存在一样，没什么踪迹可寻，但其实没有拔除。等遇到相应的情境显露出来时，往往非常突然，那时也不可能扑灭了。

如果我们不了解这些自动化的反应过程，平时也察觉不到其中的关联，那么在对待我们的身体、情绪、想法、行为的问题时，我们就无法有的放矢，有时甚至是在火上浇油。比如是身体的问题导致了情绪的问题，我们却以为是行为的后果，于是我们就忙于改变行为，这不但没有缓解身体的问题，反而使问题进一步恶化，结果忙忙碌碌之后才发现，自己总是在舍本逐末。

习气的对治

乔纳森·海特把我们的内在冲突归纳为四个方面：心灵和身体、左脑和右脑、理性与情感、控制化和自动化，但真实的冲突和分裂还远不止这些。从古至今，无数的智者哲人都发现，我们似乎无法真正控制我们自己。我们经常被自己的身心分裂、理性与情感的分裂搞得精疲力尽,以至于自己都搞不清哪一个才是真正的自己。但这就是进化的一个产物——我们势必被各种习气所困扰,需要从中做出抉择。清晰而明白的生活,有赖于我们对自动化反应进行有效利用和控制。真正的挑战在于,我们如何才能驯服和利用好我们的自动化系统。大约在6亿年以前,地球上已经进化出了最原始的大脑,在300万年前,地球上已经遍布着各种自动化系统完善的生物,而我们原始人类在200万年前才产生有意识的自我控制系统。相对于人的控制系统,自动化系统实际上更加发达。乔纳森·海特借用古老的佛教寓言,将自动化系统比喻为大象,而将控制系统比喻为骑象人[1]。意思是,对待庞大的无意识自动化系统,我们能做的只能是顺势而为,循循善诱。

当代心理学也认识到,对于无意识的自动化系统,最重要的是对连锁反应进行觉察,发现它们之间的关联,然后分别进行对治,这样首先可以切断这个自动反应的链条,然后再慢慢地建立起合理的心态、思想、情绪、行为等,让心理能量从自我耗竭中解放出来,发挥正向的建构作用,使人走出自动循环的陷阱。

而对于这个问题,中国的古人也给出了自己的答案。儒学有一个重要的核心提纲,甚至可以说是整个中国文化的心传:"**人心惟危,道心惟微,惟精惟一,允执厥中**"。这16字据说是尧舜禹禅让帝位时,代代相授的心印。从字面来翻译是说:人心是危险难测的,道心是幽微难明的,要精诚专一,诚挚地秉行中正之道。

但如果我们将之用来思考关于人心的论述时,可以这样体会这

---

[1] 乔纳森·海特. 象与骑象人. 李静瑶,译. 杭州:浙江人民出版社,2012:148.

个16字心传：人心是在无数物种进化的顶端，产生了清明自觉的自我意识，它是非常脆弱和危险的，如果不慎重的话，它就会淹没于庞大的自动化反应系统中，滑落进巨大的无意识潜流当中，沉沦到动物的本能和欲望的驱力中。而"道心"——那一线生命进化的原始动力，又是如此的幽微难辨，人心只有精诚专一地持守"道心"，不偏不倚，才能在巨大的无意识的海洋当中获得自由。

习气一方面给了我们巨大的生存优势；另一方面又会限制我们的发展。而无论是哪一种情况，习气的本质是稳定的，甚至是固化和僵化的。天性中永远涌动着一种发展变革的力量，是生动的、流动的、是生生不已的。万物的生长进化，人类的发展完善，无不需要在这两个力量中寻找平衡，当习气过重或产生扭曲时，进取的天性受到了阻碍，人就会产生各种各样的问题。我们一方面要依傍清明的觉知与超然的领悟，体会天性自然流畅的生机，主动抓住进化的原动力，顺天而行，率性而为；另一方面也要破解习气的固化和扭曲带来的冲突，对其进行对治、消除或是理顺，摆脱它的制约。而这两个方面正对应着传统心性修养的两个途径：一个称之为存养；另一个称之为省克。

存养就是存养本心，让心清明虚静，如朱熹所说："**静虚，只是伊川云'中有主则虚，虚则邪不能入'是也**"，这个"中有主"就是心性不为习气所左右，呈现虚静的状态。当人心是虚静状态时，其他乱七八糟的想法就没有容留之地了，自然的天性就会慢慢显露。

省克就是省察克治，就是时时自我观察，发现不好的习气，就一点一点地进行克治，从而逐渐摆脱习气的困扰。陆九渊有云："**人心有病，须是剥落，剥落得一番，即一番清明；后随起来，又剥落，又清明。须是剥落得净尽，方是。**"意思是说，人心上沾染了习气的毛病，就要一点点地剥落，剥落得一番，人心就清明一番；然后又会复起，那就继续剥落，就又清明；反复坚持，直到剥落干净了，心性变得清明，天性就会自然流淌。

存养最好的方法是静坐，古代儒者在静坐中观"喜怒哀乐未发"就是这个意思。通过静坐，不与事物相接触，就会平息思虑、收敛放逸的心，这样人就不会为各种习气所困扰。但习气之顽固，也不会轻易就范，故而静中也可观自己的习气习心，看这些来来去去的杂念和妄念，所谓见怪不怪，其怪自败，只让这些妄心杂念任其起落，我只守这虚灵一点，久之自然渐入佳境。于静中观习气习心，就是省克；到了静中无可观、无可虑，也就是静中存养。

但只是静坐默守，不能应事接物，那就落到了空处，变得没有价值。有门人问王阳明说，静坐的时候感觉很好很对，但一遇到事情就又不行了，怎么办？王阳明回答说，这是只知道静中存养，而不知道有省察克己的功夫，人必须是在做事情上进行磨炼，这样才能立得住，才能静中存养使心不乱，做事活动时心也不乱。所以在有了静定的基础后，还是要在人事上进行磨炼和印证。

传统儒家在事上磨炼的论述有很多，而且也偏重于伦理道德方面。本书则主要结合当代积极心理学的研究成果，归纳出来6个方面，相信做好这6个方面，也就可以完善自我，提升幸福感。

这6个方面分别是对内的3个方面和对外的3个方面。对内的3个方面，分别是自诚、自主、自新。对外的3个方面就是要调和3个关系：第一个是自我内在和外在的关系，在儒家主要是通过礼乐的象征生活修通内外，使情感情绪发于中、和于外；第二个是自我与他人的关系，也就是儒家的伦理生活对人心的促进作用；

第三个是自我与天地自然的关系，即天人合一思想对人心的提升作用。

这6个方面其实都是"事上磨炼"的具体体现。分开讲是为了方便解说，但其实是一回事。凡事都要做到自诚，也要做到自主，也要做到自新。而做到了自诚，就会是自主的，就会是自新的，因为人心是要内外一致、顺情而出才是快乐的。自诚就是要内外一致，而人做到内外一致了，就是自主。正如前面所说，人心的特点就是要不断地求新求变，就是要实现机体不断变革的力量，因此，内外一致，顺情而出的，也必然是自新的。对外的3个关系也是如此，对他人也要从本心出发，推己及人，也要讲诚意，也要讲自觉主动，也要讲灵活变化；对天地自然同样如此，也是要内尽其性，外顺天道，下学上达，乐天知命。

《中庸》道："**喜怒哀乐之未发，谓之中；发而皆中节，谓之和。中也者，天下之大本也；和也者，天下之达道也。致中和，天地位焉，万物育焉。**"意思是说，喜怒哀乐这些情绪还没有表现出来的时候，叫作"中"；表现出来以后畅达合节，叫作"和"。"中"是天地存在的大根源；"和"是天下万物通行的大原则，达到"中和"的境界，天地便各安其位，万物就顺遂地生长繁育。通过存养，让心处于将发未发、安静祥和的状态中，即所谓"喜怒哀乐之未发谓之中"。有事则应，合乎中道，即"发而皆中节谓之和"，这就是儒学的中庸之道。

通过对人心的"静中存养"和"事上磨炼"，习气会慢慢变少，心会变得明觉敏锐，那么今后在待人接物、应对处事时，直觉将变得精确而强大，最终实现"从心所欲不逾矩"的率性之乐。本书在后面的章节，主要是对以上这些孔颜之乐的修证之道，结合现代心理学的研究成果进行详解。

练习：自我省察与理性情绪 ABCDE

本章所论述的习气范围很广，包括了身体、情绪、认知、思维等各个层面。但在传统儒学中，对习气的省察更多地集中在"知"的层面里，也就是思想、念头方面。如王阳明说："**破山中贼易，破心中贼难**"，这个心中贼就是心中的私心杂念。他说对待这些私心杂念要像猫抓老鼠一样，一经发现就要毫不犹豫地将其克去，不给它留一点点机会。因为稍稍放松，这些私心杂念就会滋长，如果长时间放逸不管的话，最后就会发展到不好收拾的地步。而让私心杂念不能生长的办法之一，是涵泳圣言，就是经常反复念诵体会圣人的话语，实际上就是以圣人圣言的认知来替换平日里的私心杂念。这就好像说，要想地里不长杂草，就要种上庄稼的道理一样。

认知心理学也同样强调，人的思想认识对情绪和行为起到决定性的作用。认知心理治疗的重点就在于改变来访者思想观念上的谬误，协助来访者认识到自己的不合理的思维方式，并建立更加合理的观点和信念。在这里我们要介绍的是，艾利斯的理性情绪疗法。

艾利斯认为，人看似是理性的动物，但其实却存在许多非理性的思维。人经常会受到负面情绪的困扰，而负面情绪通常被认为是由外部事件所引发，但其实却可能是产生于人内在的想法。内在想法有时并不是根据事实，只是根据自己的凭空想象。基于这些认识，艾利斯采用 ABCDE 来表示他的理论框架。

其中，A 代表发生的事件，B 代表不合理的信念，C 代表引发的情绪。一般我们会认为，引起负面情绪的是事件。比如说，我今天和一个朋友打招呼，他没有理我，我很不开心。朋友没有理我，这是个事件，用 A 来表示；不开心是一个情绪，用 C 来表示。这就是事件引起了情绪，A 引起了 C。但艾利斯认为，引起我们负面情绪的其实是我们的内在信念，内在信念用 B 表示。也就是说，A 引起了 B，B 又引起了 C。当朋友没有理我的时候，我产生一些非理性的信念，比如"朋友看不起我""我是被人忽视的""我的人缘太差"等。只是这些头脑中的想法，是习惯化自动反应过程，所以我们往往自己意识不到。要想改变不好的情绪，首先要改变自己的不合理信念，代之以更加理性的信念，如"大概朋友在想事情，所以没有注意到我""也许朋友今天没有戴眼镜，他看不清"等，这个过程叫作自我辩驳，用 D 来表示。当我们建立合理的信念时，我们看待事件的视角会发生改变，事件也就不会引发我们的负面情绪，从而获得积极的情绪和行为结果，这个结果就用 E 来表示。

纠正自己的不合理或者非理性信念，既可以通过对事实进行验证，也可以向他人求证，也可以通过自行分析。这其中的关键，就在于要进行自我的反省，找出自己不合理的信念，然后建立起合乎理性的信念，并且在今后再遇到类似的情境时，能够运用合乎理性的思考方式来处理问题，避免陷入循环重复的习惯性思维模式中去。

值得一提的是，对于人为什么会有很多不合理信念，艾利斯认为是自幼生长的文化环境、教育环境过于教条化的结果。有时，这些教条可能是不切实际的，甚至是错误的，但一经习得，就会一直受到支配，结果人就成了自己错误信念的牺牲者。鉴于这一点，艾利斯强调，要建立新的合理情绪，需要掌握一些具有普世价值的原则，比如他将"你想要别人怎么对待你，你首先要怎么样对待别人"作为一条处理人际关系的黄金原则。有人将其与孔子的"己所不欲，勿施于人"比较，认为这两条原则是一个意思，只是艾利斯从主动的方面来讲，而孔子是从被动的角度来讲的。《论语》当中，这种待人、处事、接物的话比比皆是，这也是古代学者强调要涵泳圣言的重要原因吧。

当然，理性情绪疗法的重点在于，通过改变认知和信念来改善负面的情绪；而儒学省察克治的重点，是要通过改变认知和信念，成为一个贤者。在这个过程中，无论是哪种方法，都能够收获到心理宁静愉悦的结果。

在理性情绪疗法当中，重点是对一些固有的思维模式进行省察。比如"过度概括化"，即看待事物或个人以点代面，因为自己说错了一句话，就觉得自己一无是处，因为一件事不像自己想象的那样，就认为整件事都是失败的；再比如"绝对化要求"，事情要么是，要么非，没有中间选择，非白即黑；又比如"糟糕至极"，一点小事就主观夸大，觉得天都要塌了等。《论语》中记载说："**子绝四，毋意，毋必，毋固，毋我。**"意思是，孔子杜绝了4种毛病，即没有私意、不期其必然、不固着执滞、没有私我。这4种毛病是古人自我省克的重要内容，其中也是包含了绝对化、固执己意、以自我为中心等不合理信念。而我们在后面章节中所提到的自诚、自主、自新等各种观念，则是儒学千百年来体证的思想结晶，都可以作为建立合理信念的黄金原则。

在实际的练习当中，我们可以选择一件令你感到不愉快的事情，尝试着用下面的方法进行描述和自我的觉察。比如，你知道你的朋友今天一起去聚餐，但你却没有受到邀请，你感觉心情很糟糕：

第一步：分清自己的情绪和思维：

A 事件或情境	C 情绪和感受	B 负性思维
朋友们聚餐，但我没有受到邀请	生气	他们是故意的
	羞愧、自卑	朋友们讨厌我，我是个人缘很差的人
	悲观、忧郁	我是个不受欢迎的人，我将一事无成

第二步：认识自己的习惯化思维：

A 事件或情境	C 情绪和感受	B 负性思维	习惯化的负性思维模式
朋友们聚餐，但我没有受到邀请	生气	他们是故意的	绝对化要求：他们聚餐就应该邀请我，不然就是故意针对我
	羞愧、自卑	朋友们讨厌我，我是个人缘很差的人	过度概括化：朋友没邀请我就是代表我人缘很差
	悲观、忧郁	我是个不受欢迎的人，我将一事无成	糟糕至极：因为朋友没邀请，就认为自己将一事无成

第三步：进行自我辩驳

A 事件或情境	C 情绪和感受	B 负性思维	习惯化的负性思维模式	D 自我辩驳
朋友们聚餐，但我没有受到邀请	生气	他们是故意的	绝对化要求：他们聚餐就应该邀请我，不然就是故意针对我	他们今天可能有特殊事情要商量；也有可能他们以为我今天有事情；而且他们也不是有意针对我，因为还有某某朋友也不在邀请之列……
	羞愧、自卑	朋友们讨厌我，我是个人缘很差的人	过度概括化：朋友没邀请我就是代表我人缘很差	朋友没有邀请我，并不代表我的人缘差，在很多时候，比如……，我和朋友们的关系还是很好的
	悲观、忧郁	我是个不受欢迎的人，我将一事无成	糟糕至极：因为朋友没邀请，就认为自己将一事无成	即使这次真的是因为朋友们对我有什么误解，也不代表我做不好别的事情

通过以上方法之后,也许你就会发现自己情绪上的好转。如果你想要比较清晰地看到这个转变,你可在开始时给自己的负面情绪进行评估。从1~10代表你不良情绪的程度,0代表没有情绪,10代表情绪很强烈。然后等到进行完自我辩驳后,再进行一次打分。比如:

A 事件或情境	C 情绪和感受	开始时情绪评估	结束后情绪评估
朋友们聚餐,但我没有受到邀请	生气	7分	3分
	羞愧、自卑	7分	2分
	悲观、忧郁	5分	1分

这就认知疗法面对困难情境时的作用。但它的作用决不仅仅如此,你可以每天或定期对自己产生负性情绪的事件或情境进行记录和自省,这样不仅可以使你更容易地注意到自己的习惯化思维,同时,经过一个阶段的记录,你也会发现自己最常见的习惯化思维有哪些。这样你不仅会越来越有觉知力,而且能加深对自己惯性反应的理解,并更容易地做出改变。长期练习的表格可以与上一章的练习《快乐日记》合起来使用,如下:

心情日记

时间	事件	心情或情绪	想法	身体感受	自我省察
1月5日(举例)	看书1个小时	很愉悦	我获得一些很实用的新知识	很轻松	这是一个很好的体验,以后可以更多
1月6日(举例)	排队被加塞	很郁闷	我就是太老实,所以总是被人欺负	胸口闷	对方的确素质很差,但我没有必要用别人的错误来折磨自己。或者那个人确实有急事,好在我也没耽误事。不过下次再碰到这种事情时,我应该尝试着当面表明自己的立场
……					

第三章

存养调心,守静之乐

无声无臭独知时,此是乾坤万有基。
抛却自家无尽藏,沿门持钵效贫儿。

——王守仁《咏良知四首示诸生》

先儒提倡"半日静坐,半日读书",将入静看作是为学入门、变化气质的关枢,也是修炼心境、明心见道的重要方法。历史上很多人都是由静而悟,体验到了圣人气象、孔颜乐处。而静坐对于有心达到身心平衡,获得内心安宁的现代人来说,也是有着非常重要的借鉴意义。

心斋坐忘与明心见体

如果要追溯古代静坐修养的源头,可能是源于原始社会的宗教斋戒活动。而有文字记载的儒家静坐,最早的是《庄子》中孔子和颜回关于心斋与坐忘讨论。孔子说:"集中注意力,不要胡思乱想,如果能做到心像太虚一样,就是心斋。"颜回说:"摆脱生理的欲求,除去耳目的聪明,离开形骸,忘却心智,同化于万物相通的境界,这样就叫坐忘。"心斋与坐忘带有道家思想的色彩,但也说明在先秦时期，儒道之间相互影响和渗透的关系。尽管在正统的儒家典籍中没有关于静坐的直接描述，但《大学》有"**知止而后定，定而后能静，静而后能安，安而后能虑，虑而后能得**"的修证次第，孟子有"求放心"和"存夜气"的修养论，《易经》有"无思无为，寂然不动，感而遂通"的体悟论，可以说都离不开守静养静的功夫。在此基础上，宋明诸儒进行了更加深入广泛的实践和体证。

据记载，宋代理学的奠基者周敦颐即有向东林禅师学习静坐的经历，并且作《太极图说》和《通书》，立诚主静，开启宋代儒家道学的先河；其弟子程颢、程颐从其师，也善习静坐，程颢在谢显道向其请教孔孟之道时说："且静坐"；程颐见人静坐就会赞叹其善学；张载说："书须成诵，精思多在夜中，或静坐得之"；朱熹说："**静坐可存心，存心而后可穷理**"；陆九渊说："**静坐以发明本心**"；陈献章说："**为学须从静中坐，养出个端倪来**"；王阳明则通过静坐"龙场悟道"，开创心学，成为一代宗师。此后，在相当长的历史进程中，随着阳明心学大盛，静坐成为儒家一门十分重要的功课。

细考宋明儒家的静坐，特别是明代心学的，大多是以证悟心体为指归，所谓"一悟本体，即是工夫"。如明儒何克斋说："**欲识此源头，须端坐澄心，默察此心虚明本体，识得虚明本体，即是仁体，即是未发之中矣，所谓静定者，此也**"。也就是通过静坐澄心，体悟到虚明的心体。这虚明本体，就是仁体，也就是喜怒哀乐未发之中，也正是人的本心、天心、道心。古人是通过对此虚灵本体的证悟，进而体认圣人之言、天地之道，最终由凡转圣。

对此虚明心体的证悟，历来也多有描述，如王阳明说："**如明镜然，全体莹彻，略无纤尘染着**"；王龙溪说："**当下本体，如空中鸟迹，水中月影，若有若无，若浮若沉**"；胡庐山说："**洞见天地万物，皆吾心体**"；何克斋说："**如太虚般，亦无体质，亦无边迹，此**

则心之本体";高攀龙说:"盖此个心体,无有形体,无有边际,无有内外,无有出入。停停当当,直上直下,不容丝发人力";张居正说:"近日静中,悟得心体,无是妙明圆静,一毫无染";李二曲说:"屏缘息虑,心以观心,令昭昭灵灵之体,湛寂清明,了无一物",等等。

不过这些描述大都属悟后风光,虽然比较美妙,但却不应以此为真境来追求。如李二曲说,这些见心体的描述,只是"就景言景耳",倘若执着于这些虚灵光景,反而认假为真,障缘越多,真正的明觉本心反而越加蒙昧。何克斋说:"**静坐时,只歇下杂念,本体自显,切莫将心作虚明看。**"实际上,儒家静坐见体的根本,是为了"明体达用",是要在事上起用,而不是守此虚灵光景。罗近溪说:"**后人不省,缘此起个念头,就会生个识见,露个光景,便谓吾心实有如是本体,本体实有如是朗照,实有如是澄湛,实有如是自在宽舒。不知此段光景,原从妄起,必随妄灭。及来应事接物,还是用天生灵妙浑沦的心。**"①意思是说,对于先贤所说的虚灵本体,实际上就是人心的一点灵明。这个虚灵明觉的本心无论静坐与否,都无时无刻不在。静坐时便会有种种风光,不静坐时,它也不曾失掉,只是人不自觉而已。后来的人不明白这个道理,却因此起个念头,多个认识,于静坐中体会到一丝光景,就以为我的心有这样一个本体,这个本体是如此朗照,是如此澄湛,是如此自在宽舒。却不知道这种种光景,都是人心的在静中呈现的景象,随境而起,也会随境而灭。等到不静坐而应事接物时,其实还是那虚灵明觉的心在作用。但他不认识这个本心,却嫌没有静坐时的种种风光,只想着回到那个虚假的心体,甚至想要终身如此这般。其实越是这样努力,离本

---

① 罗汝芳.明儒学案(卷三十四).北京:中华书局,2008:768.

心越远。

因此，无论是从传统明心见体的角度，还是从我们现代人实际运用的角度，都不需要太过于关注静坐时的种种景象和校验，而是要通过静坐锻炼稳定清明的心性，使心保持在一种明觉清醒的状态，时时提撕此心，并运用到接物应事上。要将静中存养的功夫运用事情上，有事情时也像静坐一样，保持内心的平和圆融，即能"止于事"。而不是躲进静中虚明，不问外事。如果只是静坐时修得好，遇事便乱，那也就没什么意义，也背离了入世兼济的儒学精神。而本书的主旨也是要探讨在快节奏的现代生活中，我们如何提升幸福感，找到真实的人生之乐，从这个意义来说，所谓见体开悟、明心见道的种种风光，我们也都可以暂且存而不论。

求放心与息思虑

孟子说："**学问之道无它，求放心而已。**"意思是说，为学修养的方法没有什么特别的，就是要把放失在外的本心收回来，这是最重要的事。关中大儒李二曲说，"求放心"是千古学问断案，千古学问指南，儒家静坐入手也大抵以此为纲目。

按李泽厚"由巫到礼"的说法，儒家所谓的诚和敬，是源自上古祭祀活动中虔诚、专一的心理状态。而这些儒学大家，尽管各自主张有异，进路不同，但"求其放心"是一致的，即通过静坐存养，使学人的心念专一，排除杂念，然后在此基础上，进一步晓理明义，待人接物，使之内外容止安定、心境和乐。宋儒陈北溪所言比较概括：**"若圣贤之所谓静坐者盖持敬之道，所以敛容体、息思虑、收放心、涵养本原。"**

如果归纳先儒静坐的效验，我们可以大略得出以下几个关键的要点。

一、心志专一，注意力集中

也就是我们前面提到的心斋"一志"，宋儒所谓的诚敬专一。如程颐说："**敬只是主一也**"，敬就是主于一，主于一，心就不会东飘西荡，这样就是守中，心念只集中于内在，不胡思乱想，注意力集中于内在而不外逸，心境处于一种收敛无为，但却清明醒觉的状态。能够做到一心一意，不被外物所牵所系时，就是守一，实际上也是"持中"，也就是持守"**喜怒哀乐未发时**"。

二、致中和，保持和乐的心理状态

所谓"喜怒哀乐未发谓之中，发而皆中节谓之和"，无论说守一还是守中，其实都是喜怒哀乐未发，通过静坐，可以让心在无思无虑与情感未发之时，保持一种特殊的宁静和乐境地。李二曲说："**所谓'夜深人复静，此境共谁言'，乐莫乐于此。孔子曰'乐在其中'，颜曰'不改其乐'，皆是此等景况也。**"

三、摆脱生理和心理上私心杂欲的束缚

如坐忘时"**堕肢体，黜聪明，离形去知**"，既然能去聪明，忘形骸，自然可以摆脱生理的欲求，不受身体自动化反应的左右。既然能忘却心智，自然不会受私心杂念的困扰。又如王阳明所说，人刚开始的时候，往往都是心猿意马，拴缚不定，而所思所想大多是一些私心杂欲，就要先通过静坐，把乱纷纷的思绪平息下来。又如李二曲说："**静，只是收敛精神，无令散乱，使一切杂念或邪思、俗虑皆不得乘机而起。**"因为精神内敛，所以杂念、邪思、俗虑都没有机会泛起，自然也就不会产生作用。

四、要把这种执中守虚的心境，应用到日常生活中去，不为世俗种种事务所羁绊

如王龙溪说："这一点灵明体虽常寂，用则随缘""如舟之有柁，一提便醒，纵至极忙迫纷错时，意思自然安闲不至手忙脚乱"，这个灵明的心闲居无事时是处于寂然的状态，遇事起用则承转圆融，动静自如，事去又复寂然，过而不留。无论有事还是无事，都能够提撕此心，使之警省而无杂念，闲适时也不走失放逸，忙乱时也能条理分明，思想和情绪处于一个相对平和境地里。

五、达到一种"无我""物我两忘""内外两忘"的境界

范仲淹"不以物喜，不以己悲"的名句，就体现了儒家这种无我和忘我的精神境界。从小处着眼，"无我"或"物我两忘"是精神专注一致，不被外物所左右，如我们在第一章谈到的"心流"体验；从大处着眼，是"与太虚同体，与天地同用"的天人合一境界。无论是"物我两忘"还是"内外两忘"，其实质是对自我的超越，是人内在精神的超越。由"两忘"而使得心灵摆脱物质与欲望的纷扰，达到自在洒脱、生机活泼、安宁和乐的境界。

当然通过静坐还有其他的校验，如很多儒者也强调静坐养气的作用，如养浩然之气、变化气质乃至调身健体等，有些也近于道家调息养命之术，这里都姑且存而不论。总之，对于古代儒家来说，静坐既是修学的入手功夫，初学者可以通过静坐，息思虑、去妄念，打下心性修养的基础；同时，静坐也是增上功夫，无论心性修养到了何种境地，静坐都不失为一种涵养操存的好方法。而对于我们现代人来说，通过收放心、息思虑，以及对生理和心理私心杂欲的调理，可以让我们摆脱生理本能控制，摒弃惯常的习气，减少内心的

矛盾与冲突，获得身心的安宁，保持一种充实和乐的心理状态。并且能够将这种稳定的心理状态，运用到生活中去，能够在日用工作生活中正确恰当地待人处事、随顺应物。

实际上，修静是古今中外身心修持的共法，虽然最终升起的体悟和智慧各不相同，但静坐的入手功夫大体相类。只是儒家为避免学人过于追求静中乐趣，只注重悬空守静，而忽视了真正的涵养与践履功夫，所以对于静坐大多不过于宣讲，甚至有意回避，这就导致了古代儒者对静坐的论述多半比较简括支离。同时，在论述的时候又会涉及"理""气""道""太虚""本体"等形上学或玄学化的概念，更让人不得要领。再加上各家静坐的门路也不尽相同，具体操作方法各异，不太容易形成统一的理路。

如果参考佛家修定的功夫，无论是什么样的静坐法，大体上也不离止观二法。如朱熹在《答黄子耕》中说：**"但跏趺静坐，目视鼻端，注心脐腹之下，久自温暖，即渐见功效矣。"**意思是说，盘腿静坐，目视鼻端，心念专注于肚脐下的小腹部，大约在下丹田的位置。这个方法大体就相当于佛门止法，就是将心念集中到一点上。儒家这种以止为入手的修法也很多，集中的部位也各不相同，除了守丹田外，还有守心窍的、守人中的、守印堂的。明代林兆恩取《易经》当中"艮其背"之意，摄心于后背，创立艮背法，影响颇为深远。还有一些通过默念来达到止的目的，如念"一"字，或念"仁"字等。宋代司马光主张"念个'中'字"，就是专注于念"中"字，使其他的思虑和念头止息。明儒蔡清说自己开始是念一个"静"字，但还是觉得有未扫尽的烦嚣之意，然后念一个"虚"字，才自觉得安。当然也有观气象的，如宋儒李侗静坐以观"喜怒哀乐之未发之中"，其他也有观"生生之仁"、观"孔颜之乐"、观"尧舜气象"等，实际上都是使心定于某一种情感体验中。这些方法与佛门持咒、念佛、慈心观等修法大体相类，都是以一念代万念，久而使之入静。

不过，这种止法也有很多儒者不太赞同，通常是认为太过于拘谨，特别是在处理念头的问题上，无论是守一个部位，还是守个什么字，无非是在众多念头之外，又人为地多出一个念头来。还有的静坐法则偏于观法，如明儒李二曲所说："**静，只是收敛精神，无令散乱，使一切杂念或邪思、俗虑皆不得乘机而起。即起，亦任其自生自灭，切勿被某一杂念牵引去或纠缠住；犹如太空，一任浮云起灭，而空恒空尔，不受浮云障碍，果能如是。久之，杂念自当由而渐无，修静入手工夫，只有如此。**"这是说静坐要提起一个观照的心、一个觉知的心，所谓的静就是这个观照的心不动，至于念头来来去去，或是听到什么，看到什么，都了了分明，知道就可以，并不去粘着它，听到便听到，看到便看到，如同天空中的浮动，一切顺其自然。

其实不管起手用什么方法，在儒学修静中，尤其是初学者，主要是强调"息思虑、求放心"。当然这个也不可强求，就像程颐所说"**有心于息虑，则思虑不可息矣**"，越是想要停掉思虑，反而思虑更不能停下来。所以，对于静坐不必有太高期望与希求，应该抱持一个平常心，只要平平常常便好，不用刻意安排。

以上我们虽然将历代儒家静坐做了一番介绍，但仍然缺少比较完整一致的理路。所以下面对明代高攀龙的静修历程做一些说明，以便对古代儒学的静坐修养有一个相对完整的认识。因为在历代对静坐的记述当中，高攀龙的可能算是最为系统而详细的了。

高攀龙的静坐法

高攀龙，字存之，又字云从，江苏无锡人，世称"景逸先生"。

万历十七年（1589）中进士，被任命为行人司行人，因为职位原因，大量阅读经典，但仍自感"读书虽多，心得却少"，于是改用半日读书、半日静坐的方法用功，此后几十年从未间断，一生于静坐得力甚多。他曾经说："**存心必由静坐而入**"，并写有《静坐说》如下：

> 静坐之法，不用一毫安排，只平平常常，默然静去。此平常二字，不可容易看过，即性体也。以其清净，不容一物，故谓之平常。画前之易如此，人生而静以上如此，喜怒哀乐未发如此，乃天理之自然，须在人各自体贴出，方是自得。静中妄念，强除不得。真体既显，妄念自息。昏气亦强除不得，妄念既净，昏气自清。只体认本性，原来本色还他湛然而已。大抵着一毫意不得，着一毫见不得，才添一念，便失本色。由静而动，亦只平平常常，湛然动去静时，与动时一色，动时与静时一色。所以一色者，只是一个平常也。故曰"无动无静"。学者不过借静坐中认此无动无静之体云尔。静中得力，方是动中真得力。动中得力，方是静中真得力。所谓敬者，此也。所谓仁者，此也。所谓诚者，此也。是复性之道也。

高攀龙所谓的静坐，关键是"平常"二字，不用一毫安排，只是平平常常，默然静去。这个平常二字，实际上相当于是中庸的心性，不偏不倚就是中，平平常常就是庸。这个心性本来是清静的，不掺杂任何别的东西。天地之初就是这样，人生之初也是这样，喜怒哀乐未发也是这样。这本来都是自然而然的，只是必须由各人自己体会出来，才能明了。如果静坐中出现什么妄念杂念，也让它平常地来去，不去勉强消除。只要反观自照，体认这个平平常常、不增不减的本性，这样妄念自然就停息了。静坐时昏沉也不能勉强消除，妄念干净了，昏气自然就干净了。所谓体认这个本性，就是还它本来湛然清澈的本色而已。静坐中不要加一丝一毫主观意思，稍稍加一些意思进来，就是不对了，就不是本色了。由静而动，也是平平常常。心静与身体的动静没有关系，身体活动时也保持心静，身体不活动时也保持心静，总是平平常常，不增不减。学者不过借静坐，可以更好地体会到这个无动无静的心性本色而已。只有静坐中体认得好，动中才能真正得力；只有动中真正得力，才是静坐得力。等到存养的功夫到了，自然而然心中清净，妄念自然就消退，"真体"自现，天性自然流露，这个时候，体会到的就是"敬"，就是"诚"，就是"仁"，就是"复性之道"，就是回归天性之道。

高攀龙写完《静坐说》后，又感觉还不完备，因为"平常"这两个字，说起来简单，真正实践起来会让人觉得无从把握，所以他又写了《书静坐说后》，提出**"收敛身心，以主于一"**。尽管人的天性本心人人本来具有，但平时被习气所困扰、妄念胶结，根本就无从发现，提倡平常，很容易使人随着习气的变化散漫无收，所以要"主一"，这个主一也并非是有意而为，只是在日常行为中收敛身心，使心不散乱。心中有主，就处于中正，也归之平常，这就是所谓的存养功夫。而收敛身心的方法又是什么呢？他在《读书法示揭阳诸友》中有这样的说法：**"闭门静坐，看自己的身心如何，初间必是恍惚飘荡，坐亦不定，须要勉强坐定，令浮气稍宁，只收敛此心向腔子里来……"**。在最初时，无论心绪如何的浮躁，都先勉强坐下，把心收回到身体里，"收敛此心向腔子里来"，其实就是把注意力放在身体上，这个方法略似佛门四念处的"身念处"系缘于身体的禅观修法，换言之就是如实地察觉自己身体内外的变化。

他在《示学者》中还说，通常人平时头脑中都是念头跑来跑去，所以心性就体现不出来，必须要放下一切念头，即使"要放下念头"

的念头也不能执着。如何才能心与念离呢,就要"放退杂念",其实是不执着于念,让念头自然来去,久了念头越来越少,只剩下清明的意识,就是一念,就是所谓的主一,练习得久了,自然就会豁然开朗。

那么静坐的目的又是什么呢?他在《答吕钊潭大行》说,静坐就是要以明心见性为主,人的心性里什么都具备,但又什么都没有,因为人的心性它本来就不是一个实物,它只是一个潜在倾向,不能执着于它。一执着,就固着,就不是它了。心性就是天性,那是上天降于人的自然规律,是天命所归,是浩然向前永不止息的生命动力,是**"维天之命,于穆不已"** 的宇宙洪流。上天默默承载着化育万物的功用,无声无息。在静默中返观"喜怒哀乐未发时"的气象,就是静默地观察天性的本身。心本来是灵明的,只是平时一味向外,执着于外物,所以才不灵不明。如果向内反观时,会提起一个明觉的心,由此见心性、见天性。

归纳高攀龙的记述,我们大体可以这样说,先在静坐中系念自己的身体,如果有念头纷扰,就让它自然地来去,不去强除,也不加分析判别。久而久之,自然杂念越来越少,心中一片虚灵。当心不向外观照时,反观自照时就是所谓的"喜怒哀乐未发之时",因为此时心不外用,只守于自身。就以我们平素的习惯而言,此时,恰恰是一无所见,而虽无所见,但心底又是明明白白、清清澈澈的,所以此时既不能说是"有",也不能说是"无"。一方面是无声无息、虚空一片,而一方面又是"于穆不已",蕴藏着无限的可能。这样,心就处在一个将动未动、清晰了然的境况中,而此时也就是天性充盈、无所阻滞的时候,当以这种状态接物应事,自然天性流畅。而存养本心的目的,也就是使人可以长时间地保持在这种天性本然的状态之中。

以上就是高攀龙静坐的方法及心得，从中大体上可以得出儒家静坐的一些核心要领。这个过程看起来好像容易，其实是需要较长时间地练习才行。但儒家又反对像出家人那样整日打坐用功，因为儒学修心目的在于更好地应世接物。所以高攀龙主张每隔一段时间，拿出7天来专门静坐，以便巩固修习的成果。他取《易经》"七日来复"之义，作《复七规》，文章大意是说：凡是做事感觉疲惫了，就应当静坐7天进行补济，以此来休养身体气血，使意志精明，保持本源不匮乏。第一天先要随意放松身体，想睡就睡，务必使自己身心畅悦，昏倦的感觉都消除掉。然后回到屋子里，燃香打坐。凡是静坐的方法，都是要唤醒内心，保持卓然清明，没有什么计划目标。因为没有什么计划目标，精神自然就凝集于内，不用特意安排，也不要想有什么效果。刚开始静坐的人，不知道该怎样收敛身心，可以默想体会圣贤的名言，自然会静下来。到第3天就能达到很美妙的境地。四五天后，尤其需要警惕鞭策自己，不能懒散。饭后一定要慢慢行走上百步。不要多吃肉喝酒，因为这会导致昏浊不清醒。休息时不要脱衣服，想睡就睡，一醒马上起来打坐。到第7天，就会精力充沛，百病不生了。

当然，"复七规"要专门拿出时间来练习，现代人可能没那么多假期，如果每天时间允许，可以多坐几次。明儒李二曲说，如果有时间可以多坐，如果没时间或者没有坐性的人，应该每日保持三坐，每坐一炷香。他主张每天早晨就要起来静坐，只要不思不虑，反观自照，让此心湛然莹然，了无一物，先培养一个清明的觉知，然后在日间工作生活时继续保持这个觉知。但这个觉知的心培养起来挺难，却很容易散乱，从早晨到中午，难免会因为一上午应事接物而散乱掉，所以到中午时再静坐一次，把这个觉知的心再提起来。到了晚上，再静坐一次，同时有个回省：这一天有没有保持此心明觉？天天体验，时时提起觉心，久而久之，自然熟练，静默的时候固然能自我觉照，遇到事情也能保持此心明觉，所作所为、所感所想都中节合道。

每日坐三炷香，这对于工作繁忙的现代人恐怕也不易坚持。实际上，如果没有条件长时间静坐，短时多次是个很好的选择。根据当代研究，每天静坐两三次，每次10多分钟，就有很好的效果。

而如果时间允许，且有恒心毅力者，自然也会修养得更加深入，也会体验到更高的境界，在很多儒门大家的著作中，甚至在世界各地的静坐冥想传统中，都有很多这方面的记载和描述。如高攀龙说："**透体通明，遂与大化融合无际**"；王阳明说："**坐到寂处，形骸全忘**"；蒋道林说："**忽觉此心洞然，宇宙浑属一身**"；李二曲说："**久之虚室生白，天趣流盎，性如朗月，心若澄水，身体轻松，浑是虚灵**"等。只是要达到这种境界，可能要耗费我们巨大的时间和精力，对于我们普通人来说，也许并没有什么必要。

其实，如果当我们一段时间没有大喜大悲的事情，又没有什么闲事挂在心上，在家中摒弃杂务，默坐半晌，偶然间也能体会到心底湛然无物。只是顷刻之间就又会有心事浮现上来，心就不自觉跑掉了。这是因为我们普通人的心性没有经过修习，定力不足的缘故。而经过静坐存养，可以慢慢培养这个定力，使心的专注力增加，不会轻易地被外物所吸引。按高攀龙的说法，如果能认真地闭门静坐，坚持十天半个月，就可以见出些不同来。前面说的"守一""守中"等方法，都是通过默守慢慢增加定力，时间久了，功夫愈深，自然会心如太虚。有人问王阳明怎样可以体验到"太古时气象"，王阳明回答说，人早晨刚刚醒来时，心"未与物接"，此时心底清明的景象，就像是伏羲时代的人心。这也是说当心未与外物接应时，就是纯然的心性，等诸事涌上心头时，这个心就不能持守，就乱掉了。

孟子提出要存养"夜气"和"平旦气",实际上也就是说,人要保持住夜间和清晨时那种不与物接的清明之气。李二曲之所以提出每天静坐三炷香,也是为了"续夜气"而不失。

据《高忠宪公年谱》记载,高攀龙在最初学习静坐时,有个亦师亦友的人叫陆古樵,他对高攀龙说:"**只要立大本,一日有一日之力,一月有一月之益,务要静有定力。**"意思是说,只要能用正确的方法坚持静坐,那么练习一天就有一天的功夫,练习一个月就有一个月收益,总之,就是多一分功夫就多一分受益。高攀龙也是深以为然,身体力行,终有大成。因此,我们静坐没有必要为自己设置太高的要求,也没有必要过于强求长久的目标,只要是静坐能使我们定心神、息思虑、调和性情、改善心境,那也就大有裨益了,静坐存养的意义其实也就在其中了。

传统的静坐省克

静中存养是慢功夫,但这也并非说静坐在短期之内没有什么用。虽然不能立竿见影、明心见道,但在静中进行省察克治,也是我们不断进益的一个有效途径。在第二章论习气时,我们说,天性之所以不能时时地流畅自如,是因为我们被各种习气所蒙蔽。我们不一定非要一超直入圣人的境地,却可以通过不断地克去不好的习气困扰,使我们保持在天真自然的境界中。

摆脱习气的困扰,首先要能觉察我们的习气。只有先觉察,我们才能真实地了解我们的习气,及时发现我们的习气,在习气发生时不加强它,从而逐渐切断习气的连锁反应,让心保持在未发时的安宁和中正。生命的每一个当下都是一次主动,都是一次自觉,那么每一次对习气的自我觉察和自我克治,都是一次心性的进步,这本身就是孔颜乐处。

习气根植于我们的身心，有时候非常难以察觉。如明儒王塘南说："**我辈无刻不无习气，但以觉性为主，时时照察之，则习气之面目亦无一刻不自见得，既能时时刻刻见得习气，则必不为习气所夺。**"意思是说，我们无时无刻不被习气困扰，但如果我们能够提起觉知的心性，时时照察，那么习气的面目也就无时无刻不被我们发现，既然我们能够时时刻刻照察到习气，那么我们就一定能够不被习气所左右。

当人关注于内在的时候，就会产生"意识到了自己"的体验与感受，人的这种自我察知的能力，是人类有别于其他动物的关键。动物也会些粗浅的思维，但动物没有对自我的意识。动物吃东西时，它就是在吃东西，它的注意力就在食物上，而人在吃东西时，会注意到吃的东西、吃的动作、吃的感觉、吃的想法，也会有一个意识："我知道自己在吃东西"。人的这种自我认知的特点，在心理学当中有一个相近的概念，叫作"元认知"——人具有对自己思维活动的认知和监控的能力，简单来说，就是对认知活动的认知。动物的体验直接就会转化成行为，是完全自动化的反应。而人只要愿意，就可以随时注意到自己的体验。在体验时，会有一个知觉和意识，就是我的体验是什么，我体验到了什么？这正是我们主动把握当下，减少和摆脱自动化反应的机关所在。梁漱溟说："人之所以为人在其心，心之所以为心在其自觉。"而通过静坐，可以帮助加强我们这种自我专注力，使我们能够保持一种清明警觉的心，然后将之运用于对习气的省察上，就会对减少我们的习性化反应。

自我的觉知和省察可以说是大多数东方宗教哲学的核心，也是儒学中极其重要的传统之一。儒学的自我省察起自孔子"**求之在己**""**责之在己**"的思想，如孔子说"**内省不疚，夫何忧何惧？**"如果通过自我省察没有内疚感，那么就没有什么可忧虑、可恐惧的了。又说"**见不贤而内省也**"。看到不好的人和事，首先要内省一下自己做得怎么样。曾子将孔子的自我反省精神，提升为自我修养的方法，即著名的"**吾日三省吾身**"，每天都要对自己的言行进行自我反省。荀子也说"**君子博学而日参省乎己，则知明而行无过矣。**"意思是说，广泛地学习，然后每天反省自己的言行，那么遇到事情就不糊涂，行为也就没有过失。到了宋代之后，自我省察已经成为心性修养的主要手段之一。如朱熹说："**闲居无事，且试自思之。其行事有于所当是而非，当非而是，当好而恶，当恶而好，自察而知之，亦是工夫。**"意思是说，平时居家无事的时候，应该试着自我省思，看看自己在做事情的时候，有没有把好的当成不好的，把不好的当成好的，这样通过内省保持清醒的自我认知，也就是功夫了。

当然，儒家的省察更多是一种道德的自我修养论。这是因为，传统儒学对人的身心现象没有非常精细地分别，这一点不及佛学来得深入细致。因为佛门修养更重视对自我内在心性的深刻探察，而儒家更重视心性修养在应事接物的实用上，故而省察的内容大多是集中在道德层面上，并且又多在头脑念头一面。王阳明有一段话比较有代表性："**初学时心猿意马，拴缚不定，其所思虑多是人欲一边，故且教之静坐、息思虑。久之，俟其心意稍定，只悬空静守如槁木死灰，亦无用，须教他省察克治。省察克治之功，则无时而可间，如去盗贼，须有个扫除廓清之意。**"这段话的意思是说，人一开始往往都是心猿意马，拴缚不定，而且所思所想大多是一些私心杂欲。所以这个时候，暂且教他静坐，把乱纷纷的思绪平息下来。过一段时间，等心意平定了，还只是凭空静坐，如同槁木死灰，也没有什么用，这时候就要教给他省察克治。省察克治就不能有松懈了。就像驱赶盗贼一样，必须有将之肃清干净的决心。没有事的时候，就将"好色""好货""好名"这些私心杂念一一自省出来,只要察觉出来,就要连根拔除,使它不能再生起。就像猫捉老鼠一样,只要有一个不正念头升起,马上就克治,要斩钉截铁,不能姑息,这才是真正的用功,也才能真正扫除干净。

这段话很能体现传统儒学省克功夫的特色,就是对知、情、意、欲等不加细分,只要有偏私,就一并克去,而且非常峻烈,间不容发。高攀龙甚至说:"**所谓人欲亦岂独声色势利,只服食器用,才有牵恋处,便是欲。须打扫得洁洁净净,方见无事之乐耳**",只要是在衣食住行、平常日用当中,有一些依恋牵挂,那就是欲,必须都扫除得干干净净,才能感受到心中无事的乐趣。

这样的省克功夫有一个好处,那就是直接地斩断了习气的连锁反应。那些所谓的好色心、好货心、好名心,其实都是我们的长久以来积累的习气,或者说是习性化反应。它们有时只是念头或想法,但有时也可能是情绪或情感。如果对照我们在第二章对习气的分类来看,这些所谓的私心杂念有可能是好几个层次自动化连锁反应的产物。比如好色心,可能是身体的反应,是身体的需求;其后上升到情绪情感的层面,产生了喜爱、渴求的情愫;另外,在认知的层面,也产生了比较、评判等想法;或者进而引起其他的记忆,激发了更多情绪和情感反应,进而又导致了更多的身体反应。如果将其视为一个头脑中的不合理认知的话,的确可以像第二章练习当中的合理情绪疗法一样,通过转换这个念头(信念),改变接下来的情绪反应,从而切断原来的习气反应。

但这样做,同时也会产生一个问题。那就是肃清的只是念头,对身心变化没有全面的觉察。有可能只是在意识层面做了工作,却把潜意识当中的情绪和情感忽略掉了。如此一来,有些情绪和情感就无法有效地疏解,受到压抑,容易产生各种身心问题。

其实所谓的好色、好货、好名,在儒学是"过犹不及"。无论是"过头"还是"不及",都是不符合中道,都是偏私,都是物欲,都是习气。我们前面说过,习气并非完全不好,只是太过或不及,出现了偏差。我们省察的目的,是为了觉知习气、了知习气,然后疏导调整,令其不偏,合于中道。平常人往往习气过重,也就是有过多的习性化反应,念头、情绪、想法此起彼伏,根本不受我们控制。静中省克的好处在于,使心不外驰,更加专注,觉知力更强。同时,当心不与外在事物相接应时,于静中浮现各种念头想法,往往正是自己最关心和看重的事,此时于静中一一省察克治,针对性较强。所以王阳明强调先要通过静坐,把这些私心杂欲宁歇下来,然后再慢慢将其省察出来,逐步加以导正,这也是古人重视静中省察的原因。

就孔子本人来说,在这方面其实是比较温和的,对人性认识也较的透彻,并不像后期理学将天理人欲看得那么势同水火。明代王夫之说:"**孔颜之学,见于《六经》《四书》者,大要在存天理,何曾只把这人欲做蛇蝎来治,必要与他一刀两段,千死千休。**"[①]意思是说,从《六经》和《四书》上的记载来看,孔颜之学主要是集中在如何存天性尽人性上,并没有把人的欲望看得像蛇蝎那样的危险之物来治理,非要与欲望一刀两断,一点没有才罢休。孔子说:"吾未见有好德如好色者也",先儒也以"好好色"为良知本有的证明,其实好德和好色都是我们的天性,无所谓善恶,只是好色往往太过,而好德又往往不及。因此,当我们觉察了这些好色、好货、好名之心,也不必如同洪水猛兽,非要灭之而后快。而是首先要知道,这也是我们天性中流出的自然反应,其次,我们要试着让这些反应自

[①] 王夫之. 读四书大全说. 北京: 中华书局, 1975: 282.

然来去。是身体上反应，我们知道那只是身体的反应，只要是动物都会有这样反应，人也是一种动物，所以有这样的反应很正常；如果是爱乐、渴求的感受，我们知道，那只是我们情绪上的感受，只要是人，都会有情感反应；如果是在头脑中泛起了种种幻想，我们知道，那只是我们头脑中的精神现象。我们应当容许这些东西存在，但我们不一定要见诸行动，我们也不要去强化这些感受和想法，只是让这些感受和想法不要"过头"，然后自然地慢慢化去。

当我们了解了这个身体反应和起心动念的过程，今后在这些感受泛起时，我们的内心因为有所了知，就可以更加平静。当这些自动反应的杂念和感受越来越少时，我们就会慢慢体会到心中无一事的宁静快乐。这是静中省克的比较温和的做法，其实也是更符合人性的做法，而这样来做，也更适合现代人的生活。真正的儒者，是追求身心两方面的通泰，不仅要心底畅达，身体也要安泰，并不是要刻意地和自己过不去。

静坐在心理学中的应用

静坐冥想作为一种古老修炼身心的方法，据推测可以追溯到5000年之前甚至更久，根据考古发现的实物证明，至少在公元前3000年的印度史前文明时期，就有了瑜伽冥想的存在。公元前536年[①]，佛祖释迦牟尼在菩提树下通过禅定觉悟成佛，使冥想成为佛教徒最根本的修持方法之一。其后随着佛教的传播，静坐冥想传至整个东亚，其影响已经远远超出了宗教的范围。在中国，也有很多的典籍记录，侧面地说明静坐冥想传统的久远。除了前面所说的"心

---

① 据《辞海》释迦牟尼生于公元前565年，29岁成道。

斋"和"坐忘",还有《庄子》当中记载的广成子所说的"**无视无听,抱神以静,形将自正**";《老子》说的"**守静笃,致虚极**"等。按照李泽厚"由巫到礼"的观点,上古时代的帝王圣人都是当时大巫,那么我们也就很容易理解,通过静默达到与天地沟通的原始巫术,也可能会作为一种开启智慧的重要方法,被老子等先贤所继承,只是变得更加理性化了。而在佛教传入中国后,更是以禅定为核心创立了本土的佛教禅宗,又进一步深刻影响了道家、儒家的修持方法。经过千百年来先贤们的实践证明,静坐是达到心灵平和悦乐的重要法门。

在当代,静坐冥想开始被西方世界所了解,因其对情绪、情感的调节作用一直受到科学界的广泛关注,也被很多心理学流派采纳和应用。但传统的冥想方法很多,形式多样,各个心理学流派也是各取一端而用之。其中正念冥想技术因其操作性强、体系较为完备、效果可验证等优点,进入心理学主流,在我国也被写入心理咨询师的培训大纲,在这里重点进行介绍。

心理学的正念冥想技术,是通过对佛教内观禅法进行改造,剥离宗教内容,强调通过静默,加深对身心变化的内在觉察,并结合现代心理学,将受、想、行、识等佛学概念转化为身体感觉、知觉、想法、情绪、认知等心理学概念,成为减轻压力、改善情绪、安定身心、获得喜悦的重要心理学技术。

美国麻省大学医学中心的卡巴金博士通过多年的禅修经验,将南传佛教的内观修法、中国禅宗以及哈达瑜伽相结合,提取了佛教"八正道"当中"正念"的概念,在1979年创立了"正念减压疗程",主要是教导病患者运用正念技术治疗各种生理或心理疾病。练习的方法包括了行、住、坐、卧的正念冥想,以及身体扫描与正念瑜伽等,并指导如何在日常生活中培育正念。到目前为止，全世界有超过240家的医学中心、医院或诊所开设正念减压疗程，教导病人正念修行。因其效果显著，受到心理学界的高度重视，并由此发展了正念认知疗法、接受与实现疗法、辩证行为疗法等各种心理治疗技术，被誉为认知行为心理学的第三次浪潮。

心理学的正念简单来说，就是通过对呼吸、听觉、感觉以及思绪的有意注意，培养对事物不做评价的态度，通过对身心变化的深入察觉，使我们能看清楚自身内部和客观事物的真相，进而采取更合理的行为。

在第二章论习气中，我们谈到了自动化反应对我们的重要性，也了解到习气的双面性，一方面对我们来说是有益的进化的必然产物；另一方面，也是制约自我发展的消极力量。在我们不加留意的时候，我们很多反应是冲动性的。正如我们在论习气当中谈到，它们或者是本能的、基于条件反射的，或者是基于我们成长过程中形成的情绪反应模式，或者是存在于头脑当中的思维模块。正念练习可以促使我们对心理状态的4个维度进行更加深入的觉察，这4个维度就对应着我们之前提到的习气的几个层面：身体感觉、情绪、想法以及应对生活事件采取的行为。

正念练习可以帮助我们有意识地觉察到自身的某个感觉、想法或感受的升起，以及想要通过行动来回应的冲动。当对细微的"刺激—反应"的自动化过程有了较为深刻的觉知时，我们就有可能不受其影响，而发展出暂停、评估、再选择的能力，有效地改变原来动物式的"刺激—反应"过程，切断习气的连锁反应。在面对突发情境时，退一步海阔天空，避免和抑制即刻的舒适行为和冲动行为，而采取基于更大更长远的利益行动。

我们之前说过，大脑的有意识控制是比较费力、非常消耗资源的工作。无意识的内容要想进入意识当中，都有赖于注意进行过滤、筛选和提炼。人类每时每刻都在接受海量的信息，这对注意系统是一个巨大的挑战。而正确的静坐练习，可以强化有意注意的能力，让我们专注于某个感觉或者目标。这不仅提升了我们的注意力，而且可以使我们再不关注头脑中过于复杂的组块化信息，打破那些无益的组块链条，从以往的习惯中解脱出来。

当我们不再卷入无意识的自动化思维里时，我们就有可能够培养起一种相对客观的态度来重新审视自己，也可能使我们发觉隐含在无意识深处的习气。也许我们可以看到自己是如何地受到家庭和成长环境的影响，看到自己与父母、与他人之间的人际关系互动模式，看到自己看待事物、表达情绪情感的独特模式，看到是哪些习气经常使我们将人际关系搞糟，哪些习气将我们生活变成枯燥无味，哪些习气使我们不自觉地升起痛苦、愤怒、抑郁、悲伤、恐惧、自卑等消极情绪；我们又是如何地把美好的、理想化的、评判的、厌恶的、愤恨的情绪投射到他人身上；是什么让我们无法认识自己、接纳自己；是什么使我们难以清楚地看到他人的本来面目等。甚至，我们能够看到自身的阴影面，发现我们那些不太高尚但又不愿意去面对的想法和念头，以及我们是如何地为自己开解和寻找借口。

当我们对自我的觉察越专注、越敏锐，那么我们在应对各种习性化反应时，就会越得心应手。敏锐的觉知力，可以使我们在愤怒、悲伤、恐惧等消极情绪来临或者即将来临能够及时地发觉，并有所预估，从而使得我们不至于被情绪所裹挟。在自我觉察时，也能够区分自己所面临的危险，是来自外界的威胁，还是源自内心的冲突。同样是愤怒，是因为遇到打劫，还是因为你的孩子没完成作业，其应对的方式其实是完全不同的，我们应该可以在当下即区分这种细微的情绪差别。

当然,静坐冥想培养出来的能力也并不局限于此。通过将注意力转向不舒服的情绪和身体感觉并对它们保持开放,静坐练习能够帮助我们忍受和接纳身体和情绪的不舒服。客观如实地观察,也有助于我们摆脱过分执着于个人化的倾向,更容易接纳多维观点,更灵活地处理内心世界的各种声音,提升对自我意识和精神的控制能力,更有利于构建一个基于现实检验能力的、更加稳定的心理结构。从而达到对自我更加深入的觉知,对内在升起的种种思想感受有更清晰认识,对于任何事物都能够想做的做到、想放的放下,更好地发挥机体的全部潜能,达到自觉、自主、自由的境界。

静坐冥想在心理学上的作用,也吸引了很多科学家投入研究,通过大量实验发现,静坐冥想改变的不仅仅只是人的心理状态,在人的生理上也会有相应的变化。事实上,静坐冥想更像是对人类潜在能力和优秀素质的培养,这些潜质包括稳定的情绪、平和的情感、清晰的觉知、超越的智慧,以及关心他人的意识、爱和同情心等。如果人们没有积极地开发这些潜质,它们或许将隐而不现。而我们通过对古老静坐的方法善加利用,对其各种实用功能的深入挖掘,可能会有助于我们去实现更高水平的生命状态。

静坐与心流体验

在第一章中我们曾经谈到,孔颜之乐所呈现心理状态与心流体验有很大的相似性。从心流体验产生的机理上来看,静坐也确实可以使我们更多地获得心流体验。

米哈里·希斯赞特米哈伊认为,心流体验是意识和谐有序的一种状态[1]。从古至今，无数先哲实践证明，真正快乐的人是那些能够更好地掌控意识的人。人的精神上的痛苦、焦虑等冲突，通常来自内在的失序，当情境中的事件与我们的意志发生冲突时，内在的失序会导致我们的注意力转移到错误的方向，从而产生精神脱序。如果人对自己的意识状态不加以留意的话，精神世界就会慢慢流于混乱和无序，这被称为"精神熵"。而一个人如果能够充分掌控自己的意识，就可能创造更多的心流体验，生活品质就会得到提高。控制意识的关键就在于随心所欲地集中注意力，不因任何事物分心。在静坐冥想中，最基本的能力就是注意力和专注力，王阳明说静坐"如猫捕鼠，如鸡孵卵"，正是强调要不断地强化注意和专注力。可以说，通过在静坐冥想中提升的注意力，可以比较容易运用到任何事情上，从而使我们更好地用注意力规划意识，使精神能量源源不断。

米哈里·希斯赞特米哈伊曾经将心流与印度瑜伽作比较，认为两者的相似之处显然易见，甚至把瑜伽视为一种经过周详规划的心流活动。因为两者都是试图控制内心所发生的一切，通过全神贯注，进入乐趣盎然、浑然忘我的境界[2]。同时，在进入最优体验时，两者都会使人达到一种忘我、无我的境界，但同时又会保持着一个清醒的自我觉知，这两种意识状态会矛盾地统一在一起。这一点在西方文化当中相对比较陌生，但在中国文化传统当中，这实际正是历代修行人孜孜以求的天人境界，是超越小我进入更大自我的过程。米哈里·希斯赞特米哈伊也认为，东方的瑜伽修行在看似放下一切，

---

[1] 米哈里·希斯赞特米哈伊.心流.张定绮，译.北京：中信出版社，2017：70.
[2] 米哈里·希斯赞特米哈伊.心流.张定绮，译.北京：中信出版社，2017：141.

无所控制，其背后恰恰是对自我意识的高度控制达成的结果。

澳大利亚医学博士拉梅什·马诺查也认为，冥想所达到头脑宁静而觉醒的状态，与"心流体验"和"高峰体验"在本质上是相同的心理体验，都是人的一种"最佳意识"或"理想存在"的状态，只是名称不同而已。他先后组织了多次考察研究，证实冥想与心流体验之间存在着的正相关[1]，冥想当中所产生的头脑宁静状态确实可以更容易地促发心流体验和高峰体验。一位练习冥想的足球运动员对马诺查博士说："我记得我曾在整场足球比赛中保持头脑静默，那是我有史以来最好的一场球。"[2] 另一位接受冥想训练的自行车手也说："当我练习冥想时，我能很清晰地意识到我的身体和当下的每一刻，而且有头脑里没有任何的念头。这和我比赛时或表现良好时的状态是相同的。"[3]

心流和高峰体验通常被认为是可遇不可求的随机触发的心理现象，并不能进行有意培养。如果说冥想能够提高心流和高峰体验的发生频次，那么儒家通过静坐来体察孔颜乐处也是相同的道理。正如高攀龙说：**"学者不过借静坐中认此无动无静之体云尔。静中得力，方是动中真得力。动中得力，方是静中真得力"**。正是从静坐中培养出来的这种宁静而专注的状态，自然地运用到人事上，就会产生专注宁静的心流体验，也是程颢等众多儒者所强调的"静亦定，动亦定"的道理，无论是静坐还是做事，都是动静一如。

明儒陈献章回忆自己悟道的经历说："久之然后见吾此心之体

---

[1] 拉梅什·马诺查. 安静吧头脑. 朱臻雯, 译. 上海: 华东师范大学出版社, 2017: 189—191.
[2] 拉梅什·马诺查. 安静吧头脑. 朱臻雯, 译. 上海: 华东师范大学出版社, 2017: 186.
[3] 拉梅什·马诺查. 安静吧头脑. 朱臻雯, 译. 上海: 华东师范大学出版社, 2017: 188.

隐然呈露，常若有物，日用间种种应酬，随吾所欲，如马之御衔勒也"[1]。他在外出求学无所得后，返回家乡江门，筑春阳台，闭门谢客，通过静坐而体悟到了"心体"，在做任何事情时，都能够保持着清醒的自我觉知，注意力不用勉强也能高度集中起来。在日用应酬之间能够从心所欲，就像骑马一样，只需要轻轻提着缰绳，就可以毫不费力地与方方面面应对自如，看似毫不费力，精神却一刻也不曾走散，内在意识和精神秩序高度统一，与道"凑泊吻合"，于是他感叹说："作圣之功，其在兹乎！"

无论是古今中外先贤的实践，还是现代科学研究的结果，都证实了包括儒家静坐在内的冥想方法，能够帮助我们摆脱习气困扰、开启高层次智慧。如果我们能够持之以恒地实践先哲的道路，由定入静，入静为安，突破寻常的逻辑思维，不再为各种虚幻的想法、感受所困扰，以一种高度开放和放松的状态来看待我们的内心世界以及外部生活，那么我们就一定能够获得心灵和潜能的解放，达到身心自在、天性流淌的自得之乐。

练习：静坐调心与正念练习

所谓的静坐并不一定要坐着，而是在行住坐卧乃至一切事中，皆可作静观。明代刘宗周的《静坐说》写道："坐间本无一切事，即以无事付之。既无一切事，亦无一切心。无心之心，正是本心。瞥起则放下，沾滞则扫除，只与之常惺惺可也。此时伎俩，不合眼，不掩耳，不跏趺，不数息，不参话头。只在寻常日用中，有时倦则起，有时感则应，行住坐卧，都作坐观，食息起居，都作静会。"

---

[1] 陈献章.陈献章集.北京：中华书局，2008：145.

从这段话里，我们可以看到，虽然是静坐说，但坐不坐已经无关紧要，关键之处在"无一切事，亦无一切心"，不让心被外在事物牵制时，就是心的本来面目，如果起什么杂念，"瞥起则放下，沾滞则扫除"，保持"无心之心"。这时候不用闭目打坐，不用数息，更不参话头，有事则应，事过不留，只是在平常行动起卧间保持对自我清醒的觉知。

这种对当下时刻保持觉知，使心不随物迁的存养方法，与佛家的"四念处"修行十分相似。所谓的四念处是系念于"身、受、心、法"这四个处所，要义是对身心变化如实地观察，即"**观身如身、观受如受、观心如心、观法如法**"。其中"身念处"修法就是"**行时知行、住时知住、坐时知坐、卧时知卧**"，也就是说，在日常生活中要求修行者对于行、住、坐、卧，乃至做任何事情时，都对自己身体和心理的变化有一个清明的觉知，对一切行止了了分明。

当然，佛教四念处修行是为了通过对身心持续不断地觉知而生起智慧，破除净、乐、常、我四颠倒，消除贪爱、嗔恨与愚痴心，达到最终解脱的目的。而儒家的静坐并没有对自我观察到如此复杂严密的地步，但于一切事中保持中立、平常、平等的心，摆脱对各种欲望的贪求，消解妄念杂念，对一切事物不粘不滞方面，也是有异曲同工之妙。

下面我们主要结合心理学的正念，来介绍一下静坐调心的具体方法。

首先需要有一个安静的环境，不会被打扰，不要有闲谈、接电话、看各种信息等。身体以安舒为宜，不用强求姿势，更不用单盘、双盘、结手印等。因为站立时间过长会感到疲惫，躺卧容易打盹，所以还是以坐姿为主。儒家多为坐在圆凳上，圆凳的高度以坐时大腿水平为宜，坐时向前坐凳面1/3。如果喜欢趺坐，散盘即可，最好有坐垫置于臀下，使两腿与腰不至于承力太多。无论是怎样坐，只要上身挺直，全身放松即可。至于两手，相搭亦可，相握亦可，放在腿上亦可，喜欢结手印亦可，只要能帮助你入静便好，无所谓对错。双目可睁可闭。初学为收敛身心，仍以闭目为宜，如果易昏沉，可微张双目，只见鼻尖一点。

坐时，不必行气，不必数息，不必意守，只是一任自然，只将心念专注于自身。身心浮现什么，就去觉知什么，不需要刻意对治，只将自己当作是天空，身体浮现的感觉和头脑中升起的念头，都看作是天空下的浮云，任其来去。

在现代心理学的正念当中，较常使用马哈希尊者的内观法，即先从觉知呼吸开始入手。值得强调的是，觉知呼吸并不是控制呼吸，呼吸是自然而然的，你只要呼气时知道自己在呼气，吸气时知道自己在吸气就可以。为了强化觉知，开始时可以将觉察的范围固定在自己的腹部上，觉知自己腹部的起伏变化。吸气时，知道腹部在膨起，呼气时，知道腹部在收缩。如果开始时无法集中注意力，可以在心中标注。如吸气时腹部膨起，就在心里默念"起"，呼气时腹部收缩，就默念"落"。如果发现自己的念头跑掉了，在想别的事情，就标注一下"想到"，然后继续关注自己的呼吸。当感觉到自己的专注力有了一定的基础，就可以进一步去觉知身体其他部位的感觉，再进而可以觉知自己的想法和念头。

这个过程当中，没有分析，没有评判，就是做到了了分明便可，无论观察到身心的任何现象，都容许和接纳。久而久之，你会慢慢升起较好的专注力，你可以在需要的时候让自己安定下来。

思虑杂念变得少了,心就能时常保持澄清。同时你也会发现自己的觉知力提升了,对身心发生的变化的体察越来越敏锐。你会慢慢观察到身体的感觉此起彼伏,头脑中的念头也是此起彼伏,情绪也是如此。有时候它们是各自变化的,有时候它们又相互影响,或此消彼长。

进而,你可能对自己的身心现象有更深入地理解。我们的身体有很多感受,有很多情绪,我们会产生很多想法,有很多欲望。可是我们并不是身体的感受、我们并不是情绪、并不是那些想法,也不是那些欲望。感觉、情绪、想法、欲望每时每刻都在来来去去、反反复复、起伏不定,当它们来时,或许我们感觉很不好,但却影响不到那个内在的觉察,我们像站在风眼中观察龙卷风一样,看着这些感觉、情绪、想法升起和灭去,既不粘滞,亦不排拒。当静坐熟练之后,我们在做其他事情时也是如此,我们观察着自己做事时的感受想法,但不粘着在事情上,始终保持一种超然客观的态度,这就是动亦静、静亦动,动静一如的道理。

曾经有一个参加正念练习的女士说:"任何一点小问题最后都能演变成一场海啸将我淹没,我的脑袋会被各种念头所占满,我不想这样,但就是停不下来。"通过深入地探讨和觉察,可以发现她经常陷入本章中所说的习气连锁反应中不能自拔。起因可以从任何一点开始,不论开始时是因为别人说了一句话,还是生活出了点小差错,还是身体出了点小状况,甚至跟她自己不怎么相关的事,比如别人之间吵架或是天气不太好等,都能引发这个循环怪圈。经过一段时间的练习,她开始能够有意识地体察自己的情绪变化。当情绪发生变化时,通过关注呼吸,返回身体,进而能够理清当下的思维与情绪的关联,再作出合适的反应。尽管头脑中还是会有各种各样胡思乱想飘来飘去,但她已经可以将之看作单纯的精神现象,让其自生自灭,不被其干扰了。

静坐练习也可以和前面的"心情日记"相互配合,因为我们所要觉察的仍然是我们的想法、情绪以及身体感受。只是上一章的练习重在"知"的方面,以调节思维想法为主,而这一章的练习重在"情"的方面,以调节情绪感受为主,两者互为表里,坚持练习,你会发现自己越来越平和,内心越来越自由,心胸越来越开阔,随着练习时间的推移,你取得的进步会令自己感到惊奇。

第四章

内外一致,存诚之乐

伪者劳其心,关机有时阙。

诚者任其真,安知拙为拙。

舍伪以存诚,何须俟词说。

——何平仲《题周茂叔拙赋》

"诚"是儒学中极为重要的一个概念,但孔子并没有直接提出"诚",只是由后儒发挥了孔子的学说,使之成为儒学自我修养的一个重要方面,如曾子说:"**君子必诚其意**";孟子说:"**诚者,天之道也,思诚者,人之道也**";荀子说:"**君子养心莫善于诚**"。在儒学当中,诚意不仅是修身养性之本,并且上升为天道,被看作是天地自然的根本法则,可以贯通天人。宋代周敦颐说诚是"圣人之本",朱熹说诚是"自修之首""进德之基",都体现出对"诚"的高度重视。

诚是人追求真实的天性

诚的意思就是真实无妄,现在一般理解为人与人之间要讲诚信,这固然也是其含义之一,但并不是核心意义。待人以诚只是诚意的外延,更主要的意思是内外一致。孔子更多地是讲"直",如

"人之生也直"，是说人生来就应该是真实不虚伪的；如"质直而好义""以直报怨"等，都是说做人做事要直来直去，不要有什么伪装和矫饰。

很多人认为儒家礼仪繁缛，讲究太多，就觉得似乎专做表面功夫，不求实际，但事实恰恰相反，孔子最反对过分地矫饰，他说："**文质彬彬，然后君子**"。质就是质朴自然，文就是文采修饰，两者只有相得益彰才好。对于过分注重表面功夫的人，他是很厌恶的，认为"**巧言令色，鲜矣仁**"，意思是说花言巧语，装出和颜悦色的样子，这种人的仁心就很少了。对于这个巧言令色，朱熹注解说："**好其言，善其色，致饰于外，务以悦人。**"说好听的话，装出和善的面容，装饰在外面，只是为了讨别人喜欢。这里说好话、和颜悦色其实本身没什么不好，但关键在于这一切是装出来的，和颜悦色只是为讨好别人，那么这就不是真情实感，不是真性情。在孔子看来，与其装出好颜色来，还不如原来怎样就是怎样，虽然真实未必一定是好的，但装模作样、弄虚作假必定是不好的。

有一个叫微生高的人，有的说法是孔子的同乡，有的说法是孔子的学生，也或许是兼而有之。大家都觉得微生高这个人很直爽，为人很好。有人向他借一杯醋，他自己没有，便到别人家去借来，再给向他要醋的人。对此，孔子很不以为然，认为他不"直"。微生高这种行为虽然很好，但却不是很坦率，本来有就是有，没有就是没有，直接告诉来人也就是了，但非要为了满足别人把没有当成有，这就不能算是很"直"，所以也就不能为孔子所认可。明代学者顾梦麟评价微生借醋这件事说：微生借醋送人虽然与人方便，但不是当下的本念，而是第二念。孔子也并非是指摘讥讽微生高，只是告诉人要在当下起念，不要委曲转念罢了。

据说后来那个有名的抱柱而死的尾生，也是这个微生高。因为他与心爱的姑娘相约在桥下会面,姑娘还没来,大水却涨上来了,尾生为了信守诺言,坚持不肯离去,最后抱着桥柱溺水而亡。这个故事固然感人,但如果让孔子来评价,恐怕仍然是不"直",因为想与姑娘相见才是真情,桥下只是约定的地点,死在了约定的地点,而放弃与姑娘今后相见的机会,很难说是率真坦诚的。

不过,虽然孔子很重视人性当中"直"的这种品质,但这方面的言论大多都是就事论事来说的,而他之后的弟子门人则越来越重视人的真实性和一致性,并从更高的角度和更广泛的范围来进行论说,形成以"诚"为核心的人性修养论乃至本体论。

在《中庸》中,"诚"就已经上升为天道,被看作是天地自然的根本法则,也是做人的根本原则:"**诚者,天之道也;诚之者,人之道也。诚者,不勉而中,不思而得,从容中道,圣人也。**"诚是上天的原则,追求诚是做人的原则。天生就真诚的人,不用勉强就能做到,不用思考就能拥有,从从容容就能符合中庸之道,这样的人是圣人。而普通的人,虽然不能不思不勉,但也是可以努力地做到"诚"。《中庸》二十一章说:"**自诚明,谓之性;自明诚,谓之教。诚则明矣,明则诚矣。**"意思是说,由真诚而自然明白天地的大道理,这就是天性;由明白天地的大道理而做到真诚,这叫作人为的教育。真诚也就会自然明白道理,明白了道理后,也就会做到真诚。

当人能够完全的真诚无妄,那么这个人就是一个充分发挥自我天性和潜能的人。《中庸》二十二章说:"**唯天下至诚,为能尽其性;能尽其性,则能尽人之性;能尽人之性,则能尽物之性;能尽物之性,则可以赞天地之化育;可以赞天地之化育,则可以与天地参矣。**"意思是,只有极端真诚的人,才能充分发挥他的本性;能充分发挥他的本性,就能充分发挥众人的本性;能充分发挥众人的本性,就能充分发挥万物的本性;能充分发挥万物的本性,就可以帮助天地培育生命；能帮助天地培育生命，就可以与天地并列为三了。

《周子通书》开篇说"**诚者，圣人之本。'大哉乾元，万物资始'，诚之源也。**"[1] 这是说诚的根源就是天地之始，天地自然从其初始，就是真实无妄的，天地不会为谁增一分，也不会为谁减一分，自然无为地周行不息。天地之道反映在人身上，也应该是真实无妄、不多不少的，也就是说天道和人性是完全统一的。因此，"诚"不是一个道德律令，也不是一个外在的要求，而是我们内心的一个需要，是天性的一部分，是人格完成的基础。

尽管天性如此，但人有时会因为习气的作用而发生偏离，那就是"不诚"。这就需要下一番功夫，要有意识地讲求真实，使自我内在一致，进而达到与天道自然一致，这就是"自诚其意"。所以，在传统儒学中，诚既是本体，也是功夫，一切格物、致知、正心、修身的目的，无不是对人天然本性的回归。只有对天性没有任何扭曲与矫饰，才能使一切行为意念合乎中道。

不欺人

不欺人就是对别人真诚。自古以来，诚与信可以互释。《说文》上解释："诚，信也""信，诚也"，这是人与人之间关系的一个重要道德要求。并且诚和信都是"从言"，都有一个言字旁，所以在诚的培养上，更多是体现在言语上。儒学对人的要求中，最重要的就是言行一致。《论语》中记载，学生子张向孔子请教，为人做事怎么样才能在社会上行得通，孔子告诉他的就是6个字："言忠信，行笃敬"。孔子说讲话诚实、做事实在，即使是在蛮荒之地也能行得通，

---

[1] 周敦颐.周子通书.上海：上海古籍出版社，2000：31.

反之，即使在本乡本土，也行不通。孟子说："**至诚而不动者，未之有也；不诚，未有能动者也。**"对人真诚别人没有不感动的，对人不真诚，则没有人为之感动。曾子每天都多次反省自己："**为人谋而不忠乎？与朋友交而不信乎？传不习乎？**"为别人做事谋划是否尽心？与朋友交往有没有不信实的地方？传授给别人的东西，自己实践过没有？这其中都贯穿着一个信念，就是对别人是不是真心实意。

心理学家米哈里·希斯赞特米哈伊通过调查发现，在他所采访的不同领域的取得非凡成就的人，都具有一个共同的品质，那就是诚实，并且这些人大多数都为自己拥有诚实的父母亲而感到幸运、骄傲。自然科学家们说，除非他们对实验的观察结果是诚实的，否则便不会从事科学，更不用说具有创造力；社会学家们说，除非同行尊重他们的诚实，否则他们观点的可信度就会受到损害；艺术家和作家说，诚实意味着真诚地面对自己的感受和直觉；商人、政治家和社会改革家认识到，无论在他们的人际关系中，还是对于他们领导或从属的机构来说，诚实都是非常重要的。米哈里·希斯赞特米哈伊总结说：在任何一个领域中，如果你不诚实，为了自己的利益有意识或无意识地扭曲证据，你都无法获得最终的成功。

蒙培元在《心灵超越与境界》一书中说：诚就是从心中发出的真实的声音，也就是真实可信的语言，与此相反，不真实的语言便是"伪"[①]。在这个过程中，如果言语和内心不一致，就会存在冲突与扭曲，而日积月累，难免要戕害人心与人性，俗语说：一个谎言要用无数个谎言来掩盖。开始一点不诚，就会使自己陷入自己编织的谎言旋涡而不能自拔，自欺欺人最是损人不利己。在美国密西西比州立大学进行的一项实验中，说谎者会在义务劳动中主动付出更多

[①] 蒙培元.心灵的境界与超越.北京：人民出版社，1998：148.

时间，以弥补自己的内疚感。一个参加实验的小女孩说："别说谎，不然你会生活在内疚里。"①

心理学家詹姆斯·彭尼贝克在研究羞耻和罪恶感时，发现那些选择保守秘密的人，"不向他人透露事件，可能比事件本身带来的伤害更大。"如果当事人能够说出或写下她们内心深处的秘密，她们的健康状况就能改善，寻求医生帮助的次数减少，压力激素水平也有明显下降。

脑神经科学家大卫·伊格曼认为，我们的意识之所以产生，是因为各个神经元组成的回路相互竞争，逐步融合成最强的信息，形成了我们的意识。我们之所以会产生秘密，就是因为这些大脑回路之间产生了矛盾。如果有一件事，没有任何的神经回路要讲述出来，那么这只是一个心事，是真的不想讲；如果很多神经回路都想讲，那就是一个好事情，你会迫不及待地讲出来。但如果是有一部分神经元想要透露什么信息，而另一部分则不想，大脑中就出现了竞争性张力，于是秘密就形成了。因此，秘密就是我们大脑中的冲突，而我们如果不能做到自诚，就是给自己埋下无数的冲突。直到有一天，无意识不能再容纳那些不同的声音，就会采取别的方式将自己戳穿。梦话、呓语、口误以及酒后吐真言等，都是我们无意识不能容纳我们内心的秘密，所采取的变相行为。

虽然我们说，诚意的意思是不欺人也不自欺，但其实归根结底还是不自欺。对人不诚信，感觉是欺骗别人、害别人，其实是害自己，欺人本身也是自欺。耶鲁大学心理教授保罗·布卢姆认为，人对事物的真实性有一种天然爱好，真实性决定着人的快感。梁漱溟

---

① 戴维·迈尔斯.社会心理学.侯玉波，等，译.北京：人民邮电出版社，2016：437.

也说,人心的自觉在于求真,求真是一股天然的力量[1]。如果逆着这种力量,人多多少少会感觉到有一些不自在和别扭。

不自欺

要做到绝对的不欺人很难,但要做到绝对的不自欺更是难上加难。因为我们在社会中由于各种利害关系,很容易作伪,又因为我们内心有很多的欲望,所以就特别惯于隐藏自己的私心,甚至自己根本都不能意识到自己的不真实。所以在传统儒学中,自诚其意被看作是修身大要。

《大学》一般被认为是所谓的"大人"之学,是心性修养的重要指南。朱熹认为"古人为学次第,独赖此篇之存"。其中所阐明的"格物、致知、诚意、正心、修身、齐家、治国、平天下",为儒家人生进修的8个条目,其中,以修身为根本,之前的4个条目,是内修的4个次第;而后面3个条目,则是外治的3个次第。正文为:**"古之欲明明德于天下者,先治其国,欲治其国者,先齐其家;欲齐其家者,先修其身;欲修其身者,先正其心;欲正其心者,先诚其意;欲诚其意者,先致其知;致知在格物。"**

尽管诚其意只是八个条目之一,但实际上任何一个条目都贯穿着诚意,明代王阳明认为:所谓的"明明德"就是树立"天地万物为一体"的思想认识,而古人要彰显这种与生俱来的光明德性,就要先以修身为本,将自己的心校正到符合万物一体的"明德";要将自己的心校正到符合"明德",先要使自己的心意真诚,完全出于万物一体的天性;要想使自己的心意真诚,先要使自己达到"良知";

---

[1] 梁漱溟.人心与人生.上海:上海人民出版社,2011:68.

而要想使自己达到"良知",就要纠正不符合"明德"的意念。纠正了不符合"明德"的意念,就能"知致""意诚""心正""身修",从而齐家治国平天下。

王阳明所说的这个"天地万物为一体"的光明德性,实际上就是我们在前面已经多次谈到的,天地自然创造了生命、创造了人,而人心就是自然天性的一个外显。所谓"平天下、治国、齐家、修身、正心、诚意、致知、格物"8个条目,分开来讲是为了运用起来有条理,但其实都是一回事,就是对天地万物一体这个自然原则真实无妄地运用。修身修心的关键,在于使人脱离物质的、事功的成分,让思想、行为、意念都符合于自然天性。当一切都是天性流露,不虚伪、不扭曲、不亏缺、不遮盖,那么就是"诚意",就是"止于至善",也就达到最好的境界。

诚意在很多时候是一个自觉的、自知的行为,是要完全跟随内心的感受的。《大学》中说:"**所谓诚其意者,毋自欺也。如恶恶臭,如好好色,此之谓自谦**",意思是说,所谓的"诚其意"就是不要自己欺骗自己。就像闻到难闻的气味时,人会从心底里感到厌恶,看到美丽的容颜时,人会从心底里感到喜爱,而我们对待事物的态度就要像"恶恶臭、好好色"那样发自内心,只有这样,才能做到心里没有曲折,才能够心安理得。

但问题是,世界上的事情并不像"恶恶臭、好好色"这么明了,需要有一些自我的约束。因此《大学》特别强调要"慎独"。当我们独处时,由于没有了与社会和他人约束,没有什么直接的利害关系,所以我们一些欲望就会自然地暴露出来。这个时候,我们就更容易被无意识的习气所左右,有时明知道不好,但觉得没有人知道,就会放逸自己,但其实内心还是不安的,等到了人前时,就会躲躲闪闪,像做贼心虚一样,想办法掩饰自己,或者自吹自擂,文过饰非。

但其实越是这样，越容易被人看穿，这样一来，内心就会多加一层不安。所以，这就要特别注意在独处的时候能够体察这些东西，不要放逸自己。

王阳明说，如果你不知道自己做得对不对，好不好，就看你是不是在人前人后是一致的。如果眼前一套背后一套，那这个事肯定就不太好。所以，要想心安理得，最好能够时时处处保持一个诚意，即使在别人不知道的情况下，也要做到对自己真诚，当习惯成自然时，在别人面前就无须有任何的伪装了，这样就能够"诚于中而形于外"了。

曲能有诚

尽管我们说诚是人的天性，是有普遍性和共性的，但就个人来说，在自我实现的同时，也要考虑个性的东西。这就要提到"曲能有诚"了。《中庸》当中说：**"其次致曲，曲能有诚，诚则形，形则著，著则明，明则动，动则变，变则化，唯天下至诚为能化。"** 意思是说，圣人天生就是品性圆满的，所以自然就是"至诚"，但普通的人没那么圆满，可以致力于某一个善端；致力于某一个善端，也就能做到真诚；做到了真诚就会表现出来，表现出来就会逐渐显著，显著了就会发扬光大，发扬光大就会感动他人，感动他人就会引起转变，引起转变就能化育万物，只有天下最真诚的人能化育万物。

其实，所谓的圣人，也就是相对来说习气比较少、能够完全尽天性的人。完全没有习气固着的人天生就是"诚"者，就是天生圣人，但这种人其实是极少的，而大多数人则可以退而求"其次"，通过"致曲"达到"有诚"。"曲"的意思就是人因为禀赋不同而产生的偏颇，"曲能有诚"的意思是说，如果能够将某种特性推到极致，

即"致曲",也能够达到顺应天性的目标。朱熹对此在《中庸或问》中解释说:

> 人性虽同,而气禀或异,自其性而言之,则人自孩提,圣人之质悉已完具;以其气而言之,则惟圣人为能举其全体而无所不尽,上章所言至诚尽性是也。若其次,则善端所发,随其所禀之厚薄,或仁或义,或孝或弟,而不能同矣。

这段话的意思是说:人的天性虽然是相同的,但因为先天遗传等因素,就会存在着差异。从人的本质来说,人在小时候,已经具备了与圣人一样的资质。但只有圣人才能够完全做到知天尽性,《中庸》中说"至诚尽性",也就是指这样的人。一般人是不容易达到这样的境界,所以虽然都是从人的天然本性发展出来的,但每个人的禀赋都有所不同,于是有人偏于仁,有的人偏于义,有的人重于孝,有的人重于悌,所以每个人的气质特点就都不太一样了。

对于这种因为先天气质带来的个性化特征,朱熹认为应该根据每个人所禀赋的气质推到极致,达到曲能有诚的目的。比如生性仁慈的人,往往缺少奋强刚毅的特性,那就努力推行扩充自己"仁"的特性,并且推行到极致,就是在仁道上"致曲"。如果先天气质特别笃行于孝道的,那么就把"孝"推行到极致,也就是在孝道上"致曲",使自己没有一丝一毫不符合孝道的事。如果能够从偏性推上去达到极致,最后使自己的气质发生了变化,那么也是发挥了自己天性,与至诚尽天性的人也就没什么不一样了。

这种尊重人的先天气质的观点,在西方也是自古以来就有,古希腊著名的医学家希波克拉底就提出,人存在着4种气质,分别是多血质、黏液质、胆汁质和抑郁质,每种气质都会形成不同的人格特质。现代心理学也充分肯定先天气质与人格形成的密切关系，并认为，通过对气质的测试和了解，可以使人加深对自我的了解和认知，根据自己的气质来选择生活方式和工作方式，则更有利于发展自我优势，避开自己的短板。

罗杰斯说，真正富有创造性的人都是能够更加真实地接受自己的人。一个好的画家不会为了成为别人心目中的"好画家"而去画画，一个好作家也不会为了成为了别人心目中的"好作家"而去写作，他们都更相信自己的体验，即使在别人无法理解的情况，依然能够继续表现他的独特审美感受。就像爱因斯坦不会因为自己的想法不像一个"好的经典物理学家"而退却，他只是致力于思考属于他自己的问题，真实而深刻地成为他自己。不仅是天才或者伟人，任何普通的人只要敢于接受自己的真实情感，忠实于自我内在的价值，勇于用属于自己的独特方式来表达自己，那么他们总是会在属于自己的领域内，变成重要而且具有创造性的人。

自诚的人生是能够充分发挥自己天性的人生。尽管因为习气的蒙蔽，有时我们不能完全做到天性流露，但是我们同时也要明白，习气作为与环境适应的产物，是有其两面性，如果能够认真体察自身的习气，将有碍于自我发展和自我实现的部分消除掉，将有利于我们部分发挥好，推而广之，推向极致，也是可以达到尽天性的目的。

面对真实的自我

传统的诚意还是主要放在积极方面，相信通过慢慢修养，一定会达到诚且明。但从现代心理学的角度来看，有时对于自诚，我们不能过分苛责自己。

我们要知道，人之所以不能做到自诚，有时是因为我们不能面对真实的自我，特别是当我们自身存在着痛点或创伤时。如果我们在面对某件事情强装坚强，那是因为我们不敢承认自己的软弱，而这可能是因为曾在软弱的时候受到伤害；如果我们强装富有，那或许是因为我们太渴望得到别人的承认，而这可能隐藏着深深的自卑；有些事情我们不愿意承认，是因为那里隐藏着太多的伤痛，我们无法承受。只有当我们意识到这一切时，我们才可能开始面对它们。当我们能够面对它们的时候，我们才开始变得坚强，当我们能自信地面对自己任何的软弱和伤痛，我们才是真实的自己。

英国心理学家温尼克特提出了"真自我"与"假自我"的概念。即"真自我"围绕着自己的感受而构建，而"假自我"围绕着他人（首先是妈妈）的感受而构建，"他们建立起防御机制，进而构成坚强的人格，几乎整个地过着反应性的生活，而不是真实的存在。"英国另一位心理学家克莱因也说，有"真自我"的人，他的身体和他的自我是一起的；有"假自我"的人，他的身体和别人的自我在一起。所以"真自我"能够保持着内外、身心的一致性，较少的冲突。而"假自我"则不自觉地围绕着别人的感受。简单来说，"真自我"为自己而活，"假自我"为他人而活。"假自我"的人并非没有"真自我"，他的内在还是存在着"真自我"的空间，只是出于对环境控制的需要而隔离了，于是"假自我"的人看起来一切似乎很顺利，但却时常感受到内在的虚幻感和枯竭感。在自体心理学家科胡特的"自恋"理论中，这种不真实的自我被称之为"假性自体"，临床心理学家丛中先生认为这种"假性自体"对应的是中国的"面子文化"。他说：面子，本身就是一个人的假性自体，是摆出来给别人看的。而且糟糕的是，中国人的面子文化太严重了，所以更容易迷恋于假性自体，迷恋于优异的学习成绩、突出的工作业绩、荣耀的家庭出身，从而丢失了个体自身的真实面貌，丢掉了真性自体。

心理学家荣格认为，每个人的内心，都有一个叫作人格面具的原型。它的作用是保证一个人能够扮演某种性格，而这种性格却不一定是他本人的性格。人格面具是一个人公开展示出来的一面，其目的在于给人一个很好的印象，以便得到社会的承认，也被称为"顺从原型"。人格面具对于人的生存来说是必需的，它保证了我们能够与人，甚至与我们并不喜欢的人和睦相处。因此，人格面具从积极的意义上来说，是实现个人目的、达到个人成就的重要手段。当人格面具适度时，它是有益的，是一种与生俱来的心理适应机制。然而，如果过分热衷和沉湎于自己所扮演的角色时，人格的其他方面就会受到排斥。在人格面具"膨胀"的情况之下，受害的人不仅是别人，也是自己。荣格说："欺骗自己比欺骗他人更愚蠢，做一个伪君子并不利于心理健康。"

事实上，一个人的人格面具过于膨胀，就是一种不好的习气积累的结果，用经典精神分析理论来说，这种内外的扭曲是一种适应性的心理防御机制。比如情感隔离的人，当他在描述自己的苦难经历时，其实却无法体验到自己内在的真实情感，如同在诉说别人故事；比如反向形成的人，他很渴望成为某种人，但因为种种原因而无法做到，于是就反过来厌恶与之相关的一切事物。成熟的防御机制是自我保护的心理功能，但过多的防御，也代表我们无法真实面对的东西太多，只能以虚假的情感体验来应对现实。于是，意识是在一个方向上运行，而机体却朝向另一个方向运行，两者出现了严重的错位。长此以往，造成内外的不一致，既不利于心理健康，也会影响到生理的健康。

罗杰斯说："美好生活的过程，就是逐渐远离自我防御，向着对经验的开放而转变的过程。个体变得越来越能够倾听自己，越来越能够体验发生在他内心的感受。对自己的恐惧、沮丧以及痛苦的情感更加开放,对自己的勇气、软弱以及敬畏的情感更加开放。他能够在主观上自由地体验内心的感受,并能自由地意识到这些感受。他越发能够充分地体悟他的机体经验,而不是把它们拒之于意识的大门之外。"[1]这正是罗杰斯极力倡导的人格模式,就是"充分发挥机能者",或者说是"机能完善者"。

能够充分发挥机能的人不会做伪,他们能够展现真实的自我。能够充分地对各种经验保持开放的态度,无论是来自外在的刺激,还是来自内部的刺激,都会通过神经系统自由而真实地传达出来。因此,一个"充分发挥机能"的人,就是一个自诚的人,就是一个"致中和""致良知"的人,就是一个在真实存在之外,既无所增加也无所减少的人。这种人很像一个小孩,因为他们按照自己的机体评估过程而非外在的价值条件来生活。他们不会将生物需求的满足或外在目标作为幸福快乐的来源,而是积极参与机体自身的实现倾向,将充分发展自己的生命动力作为真实的快乐。

孟子说:"**大人者,不失其赤子之心者也**",意思是说一个真正有修养的人,应该像婴儿那样,天真纯朴,真实无违。一个不失赤子之心的人,会更注重自己内在感受,不会抑制自我的内在能量,不会在天性之外增加一些外在附丽,也不会在本质之上增加一些乔装和伪饰,他不会为了满足他人的愿望而贬损自己,也没有装模作样的防御化行为。他能够真实地倾听内在深处的声音,听从生理性和情感性的愿望,同时带着更大的深度和广度体验着一切,从而实现机能的最大潜力。

---

[1] 卡尔·罗杰斯.个人形成论.杨广学,等,译.北京:中国人民大学出版社,2004:174.

孔子说："人之生也直，罔之生也，幸而。"这句话的意思是说，人本来应该活得真实，而不真实也能活着，但那只不过算是侥幸地避免了灾祸而已。这句话也实在是让人深思啊。

练习：阴影处理

这个阴影处理的练习来源于超个人心理学家肯·威尔伯的整合式生活练习（Integral Life Practice，ILP）当中的一个模块。尽管 ILP 追求灵性的转化，但其强调在最开始的时候，首先要处理好自我意识层面的问题。在具体运用中，阴影处理练习借鉴了完形疗法的空椅技术。这个练习可以帮助我们去接纳自我意识当中未知的部分，完成自我的整合，使内外真诚一致。

所谓的阴影，意思是我们心理的"黑暗面"，实际上是指我们被"压抑的无意识"。显然，这个理论基础来自精神分析的心理防御机制。在本章里，我们已经探讨过这个问题，当我们有无法接受、不能承受的情感或者情绪时，就会通过无意识的防御机制，将之隐藏起来，使自己都无法意识到。尽管如此，那些情感或情绪仍然是存在着，只是暂时地被我们所否认、隔离或者伪装了起来，虽然我们意识不到它们，但它们仍然会一直潜在地影响着我们，甚至会通过扭曲的、病态方式来表达自己，于是在情感的感受和表达上，总是存在错位的现象。

维持这种防御机制是一个很耗费心理能量的事情，因为内在有冲突，就需要有一部分心理能量被用来自我抑制，而这些被抑制的部分或许恰恰是我们的优势，我们所防御和害怕的，或许是我们本应尽情展现的真实自我。阴影处理练习就是对这个防御过程的拨乱反正，让我们有机会释放那些自我对抗的心理能量，找到内在失落的部分，并整合到自我意识中。

ILP将阴影形成的过程分解为3个阶段：一、产生某种情绪或情感；二、不能有这样的情绪或情感，于是将之投射到他人身上；三、我没有问题，是他人或环境的问题。这就是1—2—3阴影形成的过程。举个例子来说：如果一个孩子没有得到母亲的照顾，于是对母亲感到生气。他产生了愤怒的情绪，这就是第1个阶段；但母亲是安全、食物、温暖的提供者，因此不能生母亲的气，于是要把对母亲的愤怒压抑下去，并且发生了转移，投射到其他人的上，即不是我在生气，是别人在生气，周围充满了愤怒的人，这就是第2个阶段；周围充满了愤怒的人，可能会伤害自己，这是很危险的，于是感到恐惧，进一步的自我压制，会导致对外的攻击和愤怒转向自身，也就是说感觉不到自己生气，只感到伤心难过和抑郁，这就到了第3个阶段。在这个过程中，愤怒是真实的自我情绪，但恐惧、难过和抑郁则是虚假的情绪。这个小孩因为环境的因素，制造了内在的自我欺骗，无意识地掩盖了最初对母亲的愤怒。而他长大了之后，遇到需要表达愤怒的时候，心理的无意识防御机制就会启动，将愤怒转化成恐惧和伤感。在这种情况下，他的感受或许是真实的，但与内在的情感却是错位的。

如果将这个阴影形成的过程逆转过来，就是3—2—1阴影处理练习。这个练习的处理对象通常是令你产生困扰的人、事物、意象或者身体感受等。它可能很容易引起你受伤、难过、生气、焦虑、抑郁等负面的情绪和感受，也可能让你感到着迷、沉溺和被吸引。如果那是某个人，这个人可能是你厌恶、恐惧的人，也可能是吸引你的人。只要是妨碍到了你的生活，并使你形成了特定的反应模式的，那么你都可以尝试使用这个阴影处理方法来进行自我探索。你可以按照下面的3个步骤来进行处理：

第一步是面对你的困扰。

在你的对面放置一个空椅子，将你要处理的对象假想坐在或放在椅子上，要仔细观察你的困扰，以第三人称对其进行细腻而生动地描绘。要认真体会自己的感觉，探索让你感到困扰和烦恼的内容，尽量地详细、具体和深入。

第二步是与你的困扰交谈。

用第二人称跟你要处理的对象进行交谈，通过一问一答来与你的困扰进行深度联接。你可以从问题开始对话，如："你是谁？你是什么？你来自哪里？你为何而来？你想告诉我什么？你想得到什么？"等。允许这个困扰回答你，想象这个对象的回答内容，并说出来。允许一切可能，无论回答是什么，有多么奇怪，都让其自然呈现。

第三步是成为那个困扰者。

用第一人称来描述你已经深入了解了的对象。你要坐到那个假想对象的椅子上，然后成为这个对象，成为这个困扰，你要完全从你的处理对象的角度来重新看待世界，描述你所了解的人、情境、意象或感受。最后，用一句认同的话，如"我是……"或者"……是我"，来接纳那个被我们自己所隔离的自我。这个过程会比较困难，因为这是在挑战我们长期形成的心理防御机制，我们会无意识地排斥这种整合。因此，这个部分的关键在于，我们有没有感受到原来被排斥的那种感受和动力，并使之成为自己，我们是否感受到了轻松、开放、自由或开心。当你真的感受到时，这才意味着你接纳了曾经排斥的自我。

如果觉得空椅比较麻烦，也可以借助于笔记的方式来进行练习。即先用第三人称进行描述,再用第二人称将问答写下来,最后用第一人称将整合的部分写下来。阴影处理练习可以帮助我们重新发现并找到自我的分裂部分,让我们与被隔离和否认的部分重新联接,从而趋向更加完整真实的自我。

曾经有一位女性来访者陷入一个恋爱怪圈中。每次处对象的时候,总是起初感觉对方还可以,但随着交往的深入,就开始逐渐感到厌恶,并有意无意地冷淡对方,直到对方无法忍受提出分手为止。当她在运用阴影处理技术进行自我探索时,她发现对对方的厌恶,其实是对自己的厌恶。因为父母的离异,导致她有一种自卑心理,潜意识当中认为自己肯定会像母亲一样被丈夫所抛弃。所以每当与对象之间将要产生深入的情感联接时,内在的自卑就会让她产生厌恶感,并且对方越是殷勤,这种厌恶感就越强烈。心理的防御机制使她认识不到自己的自卑与恐惧,而是将之投射到了对方的身上。结果她每次都成功地使与她相处的人产生了自卑感而结束关系。如此一来,似乎总是她主动抛弃了对方,在无意识中确保了自己立于不败之地。

当明白了这一点之后,她开始正面认识自己内在的自卑与恐惧。在咨询师的帮助下,她对自卑感进一步进行察觉和整合,逐步将之转化为积极的力量。所有的自卑后面,都存在着一个美好自我的愿望。而这个美好的自我才是她的真实部分,只是出于对母亲的认同,导致了她无意识地压抑了自己的美好。阴影处理的技术并不仅仅在于找到阴影,更重要的是找到隐藏在阴影后面,被压制的积极的心理资源。当她领悟了自己为什么自卑时,也就同时领悟了自己渴望成为的是什么,从而让潜抑的自我部分得到释放,向着成为更加真实而美好的自己迈进。

第五章
反求诸己，自主之乐

昨夜江边春水生，艨艟巨舰一毛轻。
向来枉费推移力，此日中流自在行。

——朱熹《泛舟》

孔子说："**君子求诸己，小人求诸人**"，还说"**古之学者为己，今之学者为人**"。这个为己的意思不是利己主义，而是自己承担、自我完成、自己作主的意思。为人也不是指舍己为人，而是指为了他人的需要而放弃自我的追求。所以儒学在某种意义上来说，也可以叫作为己之学，或者是自主之学。

为己的三个意思

如果归纳孔子的"为己"思想，大体来说有三层意思，分别是求之在己、成之在己、责之在己。

所谓求之在己，意思是所做的、所追求的，都是缘于自己内在的需求，而非系于外在的事物。这个"己"就是内在的自我，真实的自我。这与前面我们说的诚意是一回事，就是要求真求实，要认识内在的自己，为真实的自己去努力。这一点说起似乎很简单，但真遇到事情，就会身不由己。有时候我们容易被外界的评价所诱导，将外在的评价和要求，当成我们自己的真实需求，以至于本末倒置。因此，孔子反复提到自知的问题。如：**"不患人之不己知，患其不能也""君子病无能焉，不病人之不己知也""不患人之不己知，患不知人也"**等。只有保持"己知"，才能够"人不知而不愠"，自得于内，是一个人内心充实的表现，是对自己的信任和尊重，做到这一点，自然就无待于外了。

很多人都将自己的追求，建立在他人肯定的基础上，从小被父母教养要"听话"，长大只有领导的赏识、他人的赞誉才是生活的目的。更有甚者，将他人认可又建立在物质的堆砌上。现在是商业社会、市场经济，一切以经济价值和物质基础来衡量人的能力，这也客观地造成了相互攀比之风。这一点我们在第一章已经有谈到，这样做其实是无法带来持续的幸福的，即使获得幸福，其代价也大。

所谓成之在己，就是说人要有自主性和主动性。因为自知、己知，都是向内求、向内用力。当向外用力时，就要自己去主动有所作为，而不能消极等待和被动应付，一切皆要看自己。孔子知道仁是很难达到的，但他仍然说**"我欲仁，斯仁至矣"**，这也是强调主动性的重要，所求者在我，而有所求，终会有所得。当然，这是比较乐观的说法，有时对于不能改变的事，孔子也会喟叹"命也"，但他的选择还是要**"尽人事而听天命""是知其不可为而为之"**。只是努力去做自己应该做的，而不计较什么结果，不计较外在的成败，只强调自己的主观性。

《论语》上记载，孔子生病了，子路要为他去祈祷，孔子问："祈祷有根据吗？"子路说有根据，并举出古代文献上的话来作证："为你祈祷于天神地祇"。孔子不以为然地说："我已经祈祷很久了"。朱熹认为，孔子虽然没有对子路直接拒绝，但意思还是告诉他没有必要去祈祷。为什么孔子认为不用去祈祷呢？因为天为神，地为祇，孔子本来就是尽人心以顺天性，本不违于天地，所以说自己已经祈祷了很久了。在这里，尽管孔子承认天地的主导作用，但他强调的是要主动将自己的内在追求与天道的流行相一致，因此，仍然把主观能动性放在自己一边，这也正是"**人能弘道，非道弘人**"的道理。虽然儒家有"齐家治国平天下"之说，但一切的落脚点还是"修己以安人"，凡事从自己做起。

所谓的责之在己，就是要做好自己，不侵犯他人，不损人利己。因为所作所为的一切都是为己的，也是自主自为的，所以任何的结果就都是自己的事。孔子说，这就像是射箭脱靶了一样，你不能怪弓箭和靶子，而是要从射箭的人身上找原因。他赞扬颜回说"**不迁怒，不贰过**"，也是表扬颜回不把自己的责任加在别人的身上，不把自己愤怒、委屈等问题投射给他人，而是自己对自己负责。心理学上有一个心理边界的问题，有时候，我们分不清自我和他人的界限，无法识别或不能承受自己的情绪，于是会将本来属于自己的情绪和情感投射到其他人身上，或者责怪别人引起了自己不好的情绪。比如说，父母责备自己的孩子不努力，往往将自己的不成功的怒火发泄到孩子身上，他们认为是孩子的错引起自己的愤怒，但其实是对自己愤怒，他们可能首先要解决的是自己的问题。

孔子说："**己所不欲，勿施于人**"，强调要管理好自己，不要强加于人。而反过来"己之所欲，施之于人"，就是一种界限不清。自己喜欢的事情认为也是别人喜欢，就强加给别人。自己喜欢麻将，就觉得全家人都应该喜欢；自己有什么信仰，就要求别人也要信仰；自己以工作为重，别人以家庭为重就不对。凡事觉得别人应该像自己一样，如果别人不认同，就心生怒气。这都是分不清人我界限，就其根本来说，仍然是无法做自己，因为自己的界限曾经被侵犯，而失去了自我的疆界，于是就会通过侵犯别人的疆界来确立自己的边界，通过控制他人来确立的自己存在感。

中国由于特殊社会政治环境，往往容易造成人我界限不清，即使孔子也认为是很难完全做好的，所以当子贡说："我不愿意别人强加在我身上的事，我也不愿把它强加在别人身上"时，孔子说："这可不是你能做到的啊。"子贡是孔门七十二贤中的佼佼者，连他都尚且如此，其他人就可想而知了。

自主是人的天性

我们将为己之学归结成三条分开讲，是为了说明方便，但其实仍然只是一条，就是顺着自己的真性情去有所作为。用梁漱溟的话说就是"为己即为当下之心情，求己即求其在我"，他在《人心与人生》一书曾为所谓"人心"下了一个扼要的定义："心非一物也，其义则主宰之义也"。"主"就是自主，是对自己内在而言；"宰"就是宰制，是指人心向外，对外物的控制。有物在，才有心的宰制，如果无物在，人心就不存在控制不控制的问题，所以这就是一体两面。概而言之，为己就是人的自主性。

自主性并非是人类所独有，而是一切生物生存的基础。梁漱溟认为，人心或者生命的一个最根本的特性是"自觉的能动性"。大到动植物，小到细菌微生物，无不是有其自觉的能动性，这个自觉的能动并不是说是有意识的，而是说一切生物都是以自身为主体，不断与周围的环境进行新陈代谢，一边吸收环境当中的物质，使之成为自身的一部分，一边又分解自身的成分，释放出"能"，产生一系列的活动。生物不会停止活动没有变化，总是要在当下情境中，主动进行一些作为，这个"主动作为"的特性，就是生物生生不息的原始动力之一，也是生物"实现倾向"的一个表征。

马斯洛认为，自我实现者的一个很重要的特征就是自主性[1]。对于一个人来说，如果他处在一个较低的心理水平上，即围绕着生理需要或安全需要而活时，那么就无法顾及自己的内在成长需要，只能是疲于应付外在事物。反之，如果他是一个自我实现者的话，那么他就会超越外在需要，成为一个真正自主的人。自我实现者不会轻易地被外在事物所击败，在面临困难、打击、剥夺时，也更容易保持相对的稳定，相应地他的自主性就更强。

美国罗切斯特大学的瑞查德·瑞安和爱德华·德西两位教授通过研究，提出了"自我决定"理论，将自主性定义为人的基本心理需要。认为它不会因得到满足而使机体停止相应的活动，而是驱动我们不断成长的一种内在动机。与外在动机驱动下做事的人相比，在内在动机驱动下做事的人，会对所从事的事情有更多的兴趣和信心，也表现出更好的绩效、毅力、创造力，以及更高的自尊和主观幸福感[2]。当这种自主的心理需要受到阻滞时，就会导致人的活动减少，个人成长动机的降低。

孔子说："**学之者不如好之者，好之者不如乐之者**"。当自主性的心理需要得到满足时，可导致内在动机的产生，也就会获得内在的快乐，从而使人产生更多做这件事的愿望。通常我们认为，更多的奖励或更严厉的惩罚，对促进一个人的行为更有作用，这在某些时候是正确的。但研究发现：给予奖励会削弱内在动机，特别是如

---

[1] 亚伯拉罕·马斯洛. 动机与人格. 许金声, 等, 译. 北京：中国人民大学出版社, 2007: 170.
[2] 爱伦·卡尔. 积极心理学. 丁丹, 等, 译. 北京：中国轻工业出版社, 2016: 136.

果人们认为奖励具有控制性的话，人会为了免受控制而漠视奖励[1]。这里面最重要的核心是，奖励和惩罚使人将行为动机设定在外在的事物上，其直接作用就是在一定程度上剥夺了人的自主性，让人感觉自己成绩的取得，是为了得到奖励或是为了避免惩罚，是外在因素引起的，而并非是自己努力的结果，从而对这件事情失去兴趣。

在现实生活中，我们经常可以发现，当我们采取奖励和惩罚的方式时，随着时间的推移，我们就不得不让奖励和惩罚变得更多，以至于最终失去了作为奖励和惩罚的意义。当一个人只是为了外在目标而去努力时，总是有很大的不确定因素，这个不确定的因素可能会带来挫折感。这又会引发或进一步加深习得性无助，然后又会影响到内在动机，于是就会形成恶性循环。在这种情况下，越来越多的外在刺激并不能起到相应的作用，因为厌倦是来自内在，外在刺激的作用会越来越微弱。

反之，如果人的努力来自内在动机，那么活动的本身就是满足和快乐的，从而会促使人产生更多的活动，产生更多的自主感和成就感，于是，快乐也会像源头活水一样源源不断。心理学实验表明，奖励会让儿童对游戏的兴趣明显降低。有一个心理学小故事可以说明这种现象：一群孩子在一位老人家门前嬉闹，老人不胜其烦，但孩子们却乐此不疲。于是，老人就给了每个孩子25美分，说："你们让这儿变得很热闹，这点钱表示我的谢意。"孩子们很高兴，于是第二天仍然来玩，老人给了每个孩子15美分，并解释说自己没有收入，只能少给一些。第三天老人只给5美分，于是孩子们不高兴了，说"这么辛苦才给5美分！"从此，他们再也不来玩了。在生活

---

[1] 爱伦·卡尔. 积极心理学. 丁丹, 等, 译. 北京：中国轻工业出版社, 2016: 136.

当中，我们也会发现，越是被禁止的事情，就越是让人觉得很有吸引力。如果是别人要求你做的事情，你就会觉得厌烦，甚至可能专门对着干，就好像俗语说的"让你向东你偏向西，让你打狗偏去撵鸡"，这样做的原因，是让我们觉得自己有自主感。

事实上，我们生活中无时无刻不在做着各种决定。我们在自由做决定的时候，感觉很正常，但如果我们受到控制，无法自由做决定时，就会产生各种各样的负面情绪。很多时候我们会无意识地想要冲破控制，以便行使自己的主动权。罗杰斯在治疗中发现，当事人在发生向好转变的时候，最重要的一个特点就是向着独立自主转变，能够选择自己的目标和对自己负责。欧文·亚隆也总结说，尽管心理疗法千差万别，但都显示出一个共同特征：强调个人承担责任[1]。只有充分掌握了自己的生活和行为的人，才是一个健康的人、有力量的人、真实的人。

自主带来更多幸福感

人的自主性，还体现在对控制感的需求上。现代心理学研究认为，控制感是人与生俱来的本能需求。当一个婴儿降生到这个世界上时，他是孤立无助的，他需要通过控制感来获得存在感。这是一个人成长的关键，如果他在婴儿期获得非常好的回应，也就是当他感到饥饿或寒冷的时候，得了母亲的积极回应，这种积极的回应在婴儿的意识里，并不是别人给予的，而是由自己所控制的。当婴儿感觉饥饿而哭泣时，立即会得到乳汁，这使他产生了无所不能的全

---

[1] 欧文·亚隆.存在主义心理治疗.黄峥，等，译.北京：商务印书馆，2015：234.

能感,在他的体验里,是他在控制着这个世界的。而在出生后的3个月里,他也会尝试着控制自己的手臂与腿,并且很快学会抓取。当然,他也更加懂得了,如何通过控制自己的哭泣,来控制母亲和周围的人。临床心理学家曾奇峰说,一个小孩子会用手抓住某个物体不停地挥舞,或者破坏性地撕扯玩具,这就是在满足自己的控制感,他觉得自己可以随心所欲地处置任何东西。

当一个人在童年时获得了足够的控制感时,就会养成自尊的人格。反之,如果在童年没有得到很好回应,失去了控制感,就无法获得足够的安全感。相应地,他会变得退缩,也不再想要去控制,即使自己的事情也没有愿望去做主。这种现象在20世纪60年代被心理学家马丁·塞里格曼发现,并将之命名为"习得性无助"。

习得性无助是指,当人或动物因为不可控事件而不断遭受挫败,从而使自己感到对于一切都无能为力时,就会陷入一种无助的心理状态。塞里格曼最初是将其作为一种抑郁的模式,因为习得性无助的人会产生与抑郁的病人相似的行为特征:被动,缓慢、悲伤、无食欲、低自尊等[1]。并且这不仅仅是儿童期的问题,成年人由于婚姻、事业各方面受到挫折也会出现习得性无助。在某项研究中,心理学家通过赋予老人不同的控制权发现,有控制感可以明显提升人的健康水平,反之则导致心理和生理健康的急速下滑[2]。

心理学家弗兰克认为"泛决定论"是一种危险观念,即认为人的一切活动都由某种客观因素决定的,自己是不由自主、无能为力的。抱持着这种观点,就会使人产生消极随意的态度,而放弃自我

---

[1] 马丁·塞利格曼.活出最乐观的自己.洪兰,译.杭州:浙江人民出版社,2010:5.
[2] 罗杰·霍克.改变心理学的40项研究.白学军,等,译.北京:人民邮电出版社,2014:171.

抉择的力量。他说:"人最后是要自我决定的。人不仅仅是活着而已,他总要决定他的存在到底应成为什么?下一刻他到底要变成什么?每一个人在任何时刻都有改变的自由"①。社会心理学家朱利安·罗特也通过研究证实,有自我掌控感的人,在学校表现更优秀,在工作中更富有创造力,在生意场上更成功,更善于保持自己的身体健康,更容易实现自己的长远目标,相应地也更满意自己的生活②。

另外,主动地去做一件事,还可以令我们减少遗憾,提升我们未来的幸福感。丹尼尔·吉尔伯特的心理学实验表明,"每个年龄段、每个行业的人因为没有做某事而感受到的悔恨,都比因为做了某事而感受到的悔恨强烈"③。对于一件事情来说,即使我们主动做出一个不太明智的抉择,也比我们毫无作为要好。丹尼尔·吉尔伯特对此的解释是:"人的心理免疫系统能够使过度勇敢合理化,却很难使过度怯懦合理化。"另外,不主动作为的遗憾还会随着时间的推移而不断放大,进而引发"蔡格尼克效应",即对未完成的心愿和事情念念不忘、挥之不去,从而加深对自己的懊恼。因此,自主抉择的人更容易获得快乐,而被动的人则正好相反。

主动的改变不仅可以使我们抛弃那些阻碍我们获得幸福感的习气,培养出更好的习惯,更重要的是,在意志活动中,自主性本身就能让我们获得幸福。因此,在追求幸福的道路上,人应该时刻保持一种自觉的主动性。

---

① 维克多·弗兰克.活出意义来.赵可式,沈锦惠,译.北京:三联书店,1991:110.
② 戴维·迈尔斯.社会心理学.侯玉波,等,译.北京:人民邮电出版社,2016:54.
③ 丹尼尔·吉尔伯特.哈佛幸福课.张岩,译.北京:中信出版社,2011:185.

从心所欲不逾矩

儒家思想的"自主"或"为己",从更高层次来说,就是要根据自己的天命之性顺势而为。人的行为思想,都是由其天性生发而来的,不假外求。人没有自主感,是因为对自己没有深刻的认识,是不了解自己的天性所在,或者是天性受到了压抑。《易经》说:"**天行健,君子以自强不息**",这种自强不息的动力来源,就是当下的内在需要。梁漱溟说:"顺着当下所感的去做",其实无所谓"为我",也无所谓"为他",因为所谓的这个"为己",其实不是从理智上说的,而是从直觉上说的,只有顺着直觉"为己"去做时候,才是从内在的心性自然流露的。如果是在理智层面,就会分出人我,这样,要么是"为我",要么是为"他人",均不是"为己"。

从人本主义心理学的角度来说,一个充分"自主"或"为己"的人,就是一个"充分发挥机能"的人。他之所以作出选择,是因为他恰当地体验到了最完全和绝对的自由。这种完全绝对的自由不是不顾后果的恣意妄为,而是一种自主选择最符合内在体验的行为过程,即使是存在外部的要求,也会合理地化为内在的修养,成为内在动机,自觉自愿地实行,这仿佛就是孔子所说的"**从心所欲不逾矩**"。

当人在某种情境中作出选择时,必然被环境中的各种因素所限制。一个充分发挥机能的人尽管感觉到种种限制,却能够在这种情境中真实地体验,并如实地表达。他不会被习惯化的认知所歪曲,也不会被习性化的反应所误导,没有僵化的教条和固着信念。他能够在有限制的环境下,做出相应的适当行为。因为他与环境是一种不带成见的互动关系,这使得他可以创造性地针对环境的变化作出适当的调整,让自己处于一种动态平衡和满足当中。尽管他也会出现负面的情绪,但总的来说,他忠实于自己内在的需要和机体潜在的能力,并由此不断地趋近于自我的生成和实现,因此他就是在使用他的绝对自由。

但有过多习气的人,则很容易被一些自动化的习性反应牵着鼻子走,即使他作出了某种决定,也无法对自己的选择完全认同,他总是会感到内在的冲突无法调和,感到自己是被环境当中的各种因素所左右了。由此,他并不认为是自己作出了自愿的决定,而是受到限制的被动妥协。充分发挥机能的人与被习气所左右的人相比较,虽然外在的行为和表现是相似的,但从内在的角度看,充分发挥机能的人是自发地、自由地、并且也是自愿地选择那个被限定的行动进程,这是真实体验和机能运作的结果,自然不存在内部的冲突。

"子不语怪力乱神",孔子从来不谈论鬼神奇迹之类的事,对人生也不寄希望于彼岸或来世,他注重的是在现世完成自己的天命之性,实现自身的内在价值。自我内在价值的实现,不需要外部力量来促成,不需要外在目的吸引,也不需要外界的约束与强制,而是需要自觉自为,自我承担,自我作主。这个过程也许并不总是愉悦的、舒服的,这其中可能存在着挑战与挫折,用罗杰斯的话说,"美好生活的过程,绝不是为怯懦者设计的",而这也正是我们的生命意义所在,"当事人越是能够过美好的生活,他将越能体验到一种选择的自由,而且他的选择将越能够有效地在他的行为中得到实现。"[1] 当我们忠实地跟随机体的整体感受,充分呈现我们的天性,勇敢地战胜自己的习气,达成机体自我潜能的实现,就能从其中体验到生命的能量和活力,就能体会到孔颜之乐的真正意味。

---

[1] 卡尔·罗杰斯.个人形成论.杨广学,等,译.北京:中国人民大学出版社,2004:179.

练习：归因风格

在这里我们介绍一个有关积极心理的理论，叫作归因解释风格。这个理论产生的原因是，研究者们发现，在遇到同样的挫折时，有的人会坚持下去直到成功，有的人则会轻易地放弃。其中社会心理学家韦纳认为，人们对事情的归因决定了他成就的高低。马丁·塞里格曼在此基础上完善了这个归因理论，他认为，人对成功和失败的解释风格有3个维度，即永久性、普遍性和人格化。这3个维度构成了我们看待外在事物的基本态度，是悲观的还是乐观的。

当一个人取得成功时，他认为自己总是能够成功（永久性的）、什么事情自己都能胜任（普遍性的）、取得成功完全是因为自己做得很好（人格化的内归因），那么他就会比较乐观。而如果他认为自己只是一时侥幸（暂时的）、这件事情只是碰巧自己学过（特定的）、取得成功是别人没有和自己竞争（人格化的外归因），那么他就是个比较悲观的人。

反之，当一个人遭遇挫折时，他认为自己只是一时失误（暂时的）、这件事情只是碰巧自己没学过（特定的）、没有成功是对手真得很强（人格化的外归因），那么他同样是个比较乐观的人。而如果他认为自己总是失败（永久性的）、什么事情自己都做不好（普遍性的）、遭遇失败都是因为自己太无能（人格化的内归因），那么他就是一个较悲观的人。

总之，乐观的人将好运归因于人格特质、能力等永久性的因素，而将噩运归因于外在的、暂时性的因素。悲观的人则恰恰相反。

古语说，人生在世不如意事十之八九。事实上，乐观的人与悲观的人同样生活在现实环境当中，总是会有不如意的情况发生，但是乐观者将之看作是暂时的、非个人原因的，因此能够很快恢复，因此他们在学习上、事业上、家庭上都能够表现得更好，并能够较长时间保持快乐心态，身体也会更健康。而悲观者会将一切不幸看作是永久的、普遍的、灾难性的，导致自己长时间处于心情低落的状态中，工作学习以及家庭也受到了影响，形成恶性循环。即使生活并不那么糟糕，但他也可能为未来不可知的灾难而忧心忡忡。

这个练习是帮助我们建立更合理的归因风格，主动地去应对生活中的各种变化。当然，这并非是在教导我们盲目乐观，甚至自私自大，把成功都归功于自己，把责任都推给别人。虽然归因风格决定了一个人看待事物的方式是否乐观。但归因风格的核心是真实的自己，既不自夸自傲，也不自卑自馁，不无端地把阴暗面投射到别人身上，也不将本不属于自己的问题内在化。只有对自己有更明确的了知，才能在面对各种事物时，有更清晰自我的界限，从而成就自主自由的人生。

你可以花点时间想一想，你最近遇到的挫折，你可以回忆一下，你是如何来看待这些事的，对照上面所写的乐观者和悲观者的解释风格，看一看你属于哪一个。如果你已经开始记录第二章练习当中的"心情日记"，那么可以认真看一下每次你遇到事情时的想法，也许你会发现自己的归因解释风格。如果，你对待事情总是采取悲观的解释风格，那么应该尝试着去改变自己的负性思维习惯。

前面我们已经介绍过，负性思维是人在成长过程当中，受到环境的影响而形成的习惯化思维模式以及不合理信念所导致的,这其中自然包含着很多悲观解释风格。因此,我们可以将归因解释风格结合到第二章理性情绪ABCDE的练习当中去。我们已经知道,ABCDE分别代表事件、负性思维、情绪、自我辩驳及结果。现在,我们可以通过自我省察,去发现自己面对事件或情境时,由悲观解释风格所引发的负性思维,进而在自我辩驳中,有意识地使用乐观的解释风格。同时,将E结果改进为激发,即在自我辩驳的基础上,进一步确立正向乐观的信念和行动方向。现举例如下:

A 事件	C 情绪	B 负性思维	D 自我辩驳	E 激发
年终考核出现失误,被上司批评	沮丧 羞愧	都是我不好(人格化的内归因);我什么事都做不好(普遍的);我就是笨蛋(内归因);上司再也不会信任我了(永久的)	也不能说完全责任在我,年底实太忙了,如果有人帮助我一下,也就不会出现失误(外归因);这件事没做好并不代表什么都做不好,比如考核的大部分内容得分还是挺高的(证据);上司这次可能比较生气,但不会因此就全盘否定我(暂时的);我应该再看一下考核标准,也许是检查的人弄错了(其他可能)	虽然还是有些不舒服,但没有像刚才那样羞愧和沮丧了。这只是一次失误,也是一次教训,提醒今后不再犯同样的错误。上司那里可以试着沟通一下,看必要时能否有人帮助我一下

第六章
生生不已，日新之乐

虽然仁道系心根，熟处工夫在所存。
惟是日新常不息，取之左右自逢原。

——陈普《孟子·仁熟》

前面我们说人不能见到天性，很重要的原因是为习气所障，而儒家对于习气进行对治的功夫，莫过于"日新"。商汤王在他洗澡的浴盆上刻铭曰："**苟日新，日日新，又日新**。"意思是，如果能够有一天自新，就应保持天天自新，永远不断地自新。这是说商汤王在洗澡时也不断地激励自己，要像不断地洗去身上污垢一样，去掉陈旧的习气，保持一个清净的天性。朱熹认为，"**大学之道，在明明德，在亲民，在止于至善**"是《大学》所指明为学修养的三大纲领，他所谓的"亲民"即是"新民"，由此可见不断自新在儒学修养当中重要的地位。《诗经·大雅·文王》说："**周虽旧邦，其命惟新**"，这种不断地自我更新"做新民"，也正是中国人最重要的民族性格之一。

自新是进化的特征

从自然的角度来讲，人的天性就是不断地更新。这种不断地更新是来自宇宙生生不已的特性。宇宙在其大爆炸的那一刻开始，就在不断地更新变化，一刻也没有停止。现代科学认为，这是一个从有序到混沌的过程，一切事物都朝着一个不可逆的方向运行，宇宙间的万事万物在这个过程中不断消亡，又有无数新生事物在不断地涌现。就我们所居住的地球来说，亿万年以来，多少生物出现，进化而后消失，多少生物还在不断地进化当中。宇宙整体就是不间断地开拓与创新，人在其中，也同样在不断地进化和完善。就人的身体而言，是无时无刻不在进行着新陈代谢。

梁漱溟说，生命的本性是"莫知其所以然的无止境地向上奋进，不断翻新"，生命的过程是"时时刻刻创新，却又总在相似相续中"。从不变处着眼，生命是有其连续性，而我们通常也很容易看到这种连续性，甚至固执地把看起来相似的每一个当下，看作是固定不变的。但如果从变化处着眼，生命就是"一个当下接续一个当下"的过程，也就是一个不断地重新开始的过程。比如，我们看到一个小猫小狗，或者是一株植物，看起来它们是没什么变化的，只有时间长了，它们才会长得更高更大些。如果我们认真地想一想就知道，它们无时无刻不在变化翻新，它们的每一个细胞组织都在吸收一些物质，然后排出一些物质，它们每时每刻都会有所变化，只是这种"变化"和"翻新"在短时间内并不那么明显，所以大多数生物从表面上看起来就像是固定不变的。

在生命的这种时时刻刻变化的过程中，大多数生物是被动的，也就是随着环境的变动，机体自然而然地在发生变化，如果没有外力的推动，这种变化就会流于因循固守，虽然此一刻与彼一刻也是在变化，但却变成了机械式的循环往复运动。

而人心却天然具有了一种主动性和自觉性，就决定了这个"一个当下接续一个当下"的过程中，就是一个开始接着一个开始。每一个开始起头的一动,就是人心可以有所选择的时候。这其中包含着宇宙万物的客观变化,也包含着人本然的主动性,这个主动性就是自觉地争取开拓创新[①]。诺贝尔奖得主、心理学家丹尼尔·卡尼曼说:"在一天不睡觉的16个小时里,有大约2万个3秒的片刻,这是生活的构成元素,它由一系列片刻构成。这些片刻实际上每一个都是非常丰富的体验,如果你能让某个人停下来并问:'就在此刻你的身上发生了什么?'会发现任何一个片刻都有大量事情发生在我们身上。"我们的人生就反映在这每一个片刻当中,每一个片刻都蕴涵着我们优势、潜能以及身体力量,"从积极心理学的角度看,一天提供了20000个投入、战胜消极和追求积极的机会"[②]。而如果我们可以抛掉因循固守的习气,在每一刻的接续中,都能有所主动地开新,就会形成一个不断更新的趋势,由此新新不已。

人本主义心理学家罗杰斯在心理治疗中也发现,当来访者越接近成为自我时,就会越将自己体验成为一个流动的个体,而不是一个僵化固定的成品,他们会越来越认识到自己是处在一个变化之流中。罗杰斯认为,一个健康的人可以充分地向各种新的经验开放,并且对这些新经验没有任何的防御,对个体来说,每一个瞬间都会是崭新的,这样一种倾注于当下每个瞬间变化的方式,意味着没有任何的僵化和先入为主,没有任何束缚的习气和框架强加于人的经验之上。这是一种最大限度的适应性,是流动化的人格结构,也是一个不断自新的存在过程。这使得一个人的存在是不断地处于形成的过程中,只是有一个倾向,在这个倾向的推动下,总是处在一个

[①] 梁漱溟. 人心与人生. 上海:上海人民出版社,2011:33.
[②] C.R. 斯奈德,沙恩·洛佩斯. 积极心理学. 王彦,席居哲,王艳梅,译. 北京:人民邮电出版社,2013:223.

不断生成的过程里①。

这种自新求变的特性,还表现在人类有着强烈的好奇心。研究发现,如果给3个月到9个月大的婴儿看一些从简单到复杂的黑白图形,婴儿会偏爱长时间注视复杂的图形,这一行为倾向被认为是由好奇心所引起的。卡内基梅隆大学的心理学教授乔治·洛文恩斯坦说,好奇心是人类的基本需求之一,和吃饭喝水、繁衍这些需求并没什么不同。它不需要其他别的动机引发,不需要有什么实际的奖励或回报。只要我们解决了当下紧迫的问题,我们就要不断地去发明创造、去探索、去学习,我们的求知求新的欲望是无限的,甚至我们都不知道现在学到的东西是否会在明天派上用场。人整个的生成发育过程,就是一个不间断地探索发现、开拓创新的过程。洛文恩斯坦说:"好奇心是大脑的一个信号,告诉你没有充分利用大脑的某个部分",就像你长时候坐着不动就会全身不舒服一样。好奇心会让你走出习惯的"舒适区",放弃已经拥有的或喜欢的东西,而尝试一些新的东西。

一切生物机体总是在寻找、总是在开拓,总是要有所作为、有所企图。罗杰斯认为这是一个普遍而基本的生物动机,这个动机归根结底,就是"实现其潜在可能性的倾向"。这种创造的倾向存在于每个人身上,等待合适的条件释放和表现出来。这种创造和创新是人类内在自发的动力,是来自生命机体的需求,也是人天性发展的需求,激励着人们弃旧图新。人如果不能保持积极的创新变化,就会与天性相违背,日久就会生倦怠心,生命就会慢慢变得没有生机。

---

① 卡尔·罗杰斯.个人形成论.杨广学,等,译.北京:中国人民大学出版社,2004:113.

创新使人更快乐

米哈里·希斯赞特米哈伊认为，创造力是我们生活意义的核心来源[1]。一方面是因为生活中大多数令我们感到有趣、重要和人性化的事情，都是创造力的结果。我们稍稍想一下就能明白，当下时尚潮流飞速改变，电子产品急速更新换代，我们的衣食住行、所用所玩无一不是创新而来；另一方面，当我们能够深入创造性活动时，会觉得比其他时候过得更加充实和满意。当人能够充分地进行创新创造时，就会比较容易地进入"心流"状态，也更接近于获得最理想的自我实现感，也会使生活变得更加丰富多彩。

在第一章中，我们曾经介绍了"心理适应"这个现象，其实不仅是在感官愉悦中，在诸如工作、娱乐、婚姻乃至生活的许多方面，心理适应都是存在的。无论那些开始看起来如何美妙的事物，如果日复一日地重复，早晚我们会感到厌倦。因此，保持对自我的创新，保持对事物的好奇心，时刻发现新鲜的事物，是防止和延缓心理适应的最好途径。变化既可以为生活带来更多乐趣，也是克服心理适应的有效手段[2]，能够帮助我们走出"舒适区"，去实现更多未被开发的潜能。

当然，想要走出"舒适区"总是会带来一些自我挑战。米哈里·希斯赞特米哈伊认为，"心流"产生的因素之一就是所从事的事情存在一些挑战。日本的经营之神稻盛和夫可以说创新无数，在他的《活法》一书中，就记述了他不向外求，坚持自我创新的心路历

---

[1] 米哈里·希斯赞特米哈伊. 创造力. 黄珏苹, 译. 杭州：浙江人民出版社, 2015: 1.
[2] 乔纳森·海特. 象与骑象人. 李静瑶, 译. 杭州：浙江人民出版社, 2012: 113.

程。当机器出现故障,找不到解决问题的答案时,他就静静地睡在出故障的机器旁边,他说只要是坚持,就会找到通向宇宙智慧的大门,答案自然而然地就会来到。很多时候,他并不想创新什么,只是认真去面对一个挑战,用心去解决一个问题,而正是在应对挑战的过程中,创新自然而来。

挑战意味着我们要打破原有的平衡,对自己的内在与外在进行重新的建构。心理学家罗伯特·怀特认为,人有一种内在的动机,想去做一些需要能力的事情,而不管具体做的是什么。这是因为,获取成功和避免失败能够满足我们的生物学需求[1]。人这种每一次挑战自我的能力,都可以看作是一种创新,是一种开拓的行为。当我们觉得从事某种活动有一定的挑战性时,那是因为我们自己不具备这种能力,或者还没能完全掌握这种能力。而通过做挑战自己能力的事,也就实现了当下的创新需求。

梁漱溟说,人心的创新不是有意求新,而是"生命所本有的生命活泼有力耳"。这种需要和能力在我们成长的每一步都发生着作用。当一个婴儿试图张开嘴说话、翻滚、坐起、爬行乃至行走时,当他反复试着抓住一个物体时,他都在跟随着自己的感觉,都是在挑战自己的能力,当他成功时,就会获得的快乐。这种快乐一直在伴随着我们的成长,或许你不记得第一次用筷子夹住食物时的欢悦,或许你不记得我们第一次系上了鞋带时的欢悦,但你大概能记得自己第一次学会骑自行车,第一次学会开车,第一次做了一碗饭,第一次画出一幅自己满意的图画,等等。你总是能或多或少记起通过一番努力所获得的成功,及其带给我们的欢悦。这些事情带来的欢

---

[1] 克里斯托弗·彼得森.积极心理学.徐红,译.北京:群言出版社,2010:143.

乐，让我们更愿意挑战和尝试，去探索更多的未知。而伴随着这些欢乐，我们的各种能力也在日益增强，这构成了我们成长的基本动力之一，也是推动人类不断发展和进化的一种源动力。

当然，挑战也不是无限地自我加压。米哈里·希斯赞特米哈伊研究认为，只有在面对的挑战与个体自身的才能相平衡时，才会产生心流体验。也就是说，挑战不能太高，太高就构成困难，就不会感到愉悦，而挑战也不能太低，太低就会失去兴趣，让个体产生厌倦感。今天你做一件事情觉得很有意思，并不代表你会永远觉得有意思。一个善于下棋的人，很难从与一个远不如自己的人的对弈中获得乐趣，我们总是不断地寻求新的难度或高度。现在电子游戏之所以受欢迎，就是因为它抓住了人的这种心理，它总是能够给你来一些新变化，总是给你增加一点点难度，但也不会一下子把任务困难设置得过高，让你一下子失去兴趣。

当然，赌博、滥交或者暴力等也是富于挑战的事情，也能带来愉悦感，这会吸引我们将精力用在那上面去。但这些事情却不能够汇聚成满足感和幸福感，而是转入上瘾，也就是进入机械式的重复，失去了创新变化的动力。因此，心流与幸福之间的关系，取决于从事的活动是否复杂，它是否能带来新的挑战，带来新的发展，乃至于带来个人的成长及文化的发展。

我们现在正处在一个急剧变化的时代里，环境也要求我们可以更好地适应变化，这就需要我们能够始终保持一种开放的心态，去拥抱变化，顺势而为。在我们的生活当中，这种不断地自我更新和创造主要体现在3个方面：一个是工作；一个是休闲；一个是学习。其中，工作在于能力的翻新；休闲在于品格和气质的翻新；而学习是对人的能力、品格、气质、思想等方面的整体地翻新，所以儒家最重视"学"，在古代，为学和做人是一体的，为学就是做人，做人就是为学。而在本书的第一章我们也谈到,"心流"是一种近似于孔颜之乐的心理体验。我们可以尝试着从工作、学习和休闲娱乐中更多地获得这种状态,使我们更多地感受生命的乐趣,提升我们真实的幸福感。

在工作中实现自我升华

有人给幸福下定义说:与相爱的人结婚和拥有自己喜爱的工作。有人问弗洛伊德:一个正常的人应该怎么做才能活得好?弗洛伊德回答说:"爱与工作"。心理学家索尼娅·柳博米尔斯基把工作视为通向幸福道路的重要途径,仅次于人际关系。可见工作对我们的生活来说有多么重要。而一份真正好的工作是要有变化、具有挑战性、且能够胜任的。社会学家调查发现,从事低复杂度、高重复性的单调工作,会使人产生无力感、不满足感,对工作的疏离感最高。因此,工作也遵循着创新变化的原则。

为了在社会上安身立命,我们大多时候要放弃一些个人兴趣,遵循这个社会给我们的职业要求。能够找到自己满意的工作,那自然很好。如果工作性质或工作环境不那么如意的话,其实也并不一定就完全没办法。我们可以将工作看成一个自我完善的过程和手段,在这个过程里,可以像米哈里·希斯赞特米哈伊说的那样,根据"心流"产生的因素,尝试着调整工作方法,使工作像玩游戏一样,即让工作有一些变化、有适度而弹性的挑战,目标明确,有即时的反馈,就是能看到自己的收获和变化。这样一来,工作越像玩游戏,乐趣就越多[1]。

---

[1] 米哈里·希斯赞特米哈伊. 心流. 张定绮, 译. 北京: 中信出版社, 2017: 262.

米哈里·希斯赞特米哈伊曾以《庄子》庖丁解牛的典故来说明什么是工作中的心流。屠宰这个行业相对来说,算是一个比较简单粗暴的工作,工作环境也往往比较一般。但《庄子》里的庖丁,却将这一简单的工作变成了一门艺术。首先是他为自己定了一个与众不同的目标,即追求道,而不是技术。其次是不断自我挑战,刚开始还是像普通的厨师一样,宰牛只是宰牛,所见所触的还只是牛。但三年后,在他眼里没有整只牛了,所见所触已经与普通厨师大不相同。再后来,对他来说已经没有所谓牛了,所见所触无不是"道"。他将简单的工作,赋予了更高的意义和目标,使普通的工作不断产生新的挑战,从而不断地提升自我,最后进乎于道,但即使这样,工作中仍然还是存在着挑战,所以当遇到难以下刀的地方,还是会聚精会神,然后豁然解开,最终踌躇满志地收工。

对待其他种类的工作也是这样,我们可以让重复性的工作变得有一些变化,让平庸的工作变得有一些挑战,从而可以更多地进入心流体验。

孔子说:"**富而可求也,虽执鞭之士,吾亦为之。如不可求,从吾所好**",意思是说,如果能赚钱,就算是让我拿着鞭子去赶大车也愿意干,但要是这样赚不着钱,我就干我自己喜欢干的事。也有人说"孔子这个人很伟大、很博学,就是没有一样特别有名的专长",孔子听了对学生们说,我干哪一行好呢?驾车呢,还是射箭呢?我还是驾车好了。有人说这是孔子在自嘲,有人说孔子说是的"驾驭之术",也就相当于现在的"管理学"。抛开后世的种种猜测,可以肯定的是孔子很重视谋生,并且他显然也并不只学六艺。按他自己的说法是"**吾少也贱,故多能鄙事**",可见孔子小时候因为家庭贫穷,从事过多种职业。但不管做什么事情,他首先讲究取之有道,"**事君,敬其事而后其食**",干好自己的工作才能心安理得地领取薪水,其次"**君子谋道不谋食**",不以吃饭为最终目的。

孔子这种对待自己谋事的态度,很值得我们借鉴。首先是态度很现实,总是要做事赚钱能养活自己,即使从事的是"鄙事";其次,根据自己的能力逐渐提高自己职业选择,从比较简单一些的马车司机工作做起,慢慢地可以做比较细致的工作,做到仓库管理员。然后又做老师、做官员。然而不管具体从事的职业是什么,他总是以"谋道"为目标,执事以敬,用心地去做好。这种执事认敬的态度其实就可以看作是一种专注的工作态度,而专注是产生心流的重要因素之一。同时,在这个过程中,孔子通过不断地自我完善,完成了一次又一次的升华,最终成为万世师表。其实,无论从事的是什么工作,只要是充分利用和开发了自己的天资、能力、潜能,淋漓尽致地发挥了自己的天性,完成了力所能及的事情,那么相对个人来说,这都应该被视为一个好工作,也就能帮助我们实现自新不已的人生。

在休闲中体味变化的乐趣

孔子说:"**饱食终日,无所用心,难矣哉。不有博弈乎?为之,犹贤乎已。**"意思是说,整天吃饱了没事干,什么心思也不用,这就难了,有时间下下棋还是不错的。"饱食终日,无所用心"就是没有变化,因循固守。用下棋之类的休闲游戏,就可以打破这种因循守旧的习气,让生命出现一些新气象。人的本性是不容许自己固守停滞,总是要通过一些方法,打破惯常的行为,实现一些新的变化。

孔子自己就是这方面的典范,他说:"**吾不试,故艺。**"意思是说,我因为没人用我做官,所以就学习了很多技艺。也就是利用业余时间发展了很多的爱好。那么孔子平时都要搞哪些休闲娱乐活动呢？现在所知道的就是"六艺"：礼、乐、射、御、书、数。翻译成现在的话就是：礼仪、音乐、射箭、驾车、识字、算数。

现在是多元化社会，如果仍以六艺为标准去发展个人爱好，未免有些狭窄。不过，我们仔细琢磨一下，六艺基本上能代表休闲的一些大致分类。比如礼可以看作是社交方面的兴趣；而乐，既可以是音乐，也可以是绘画、戏曲等与艺术有关的爱好；射和御可以看作是某种体育活动，射偏向一些精细运动，御则偏向一些粗大的运动；书可以看作是与语言文字等相关的活动；数则可以看作是一些与数字逻辑相关的智力游戏。

如果我们也像孔子年轻时一样，找不到合适工作，或在工作中找不到自己的乐趣时，那就可以退而求其次，培养自己的休闲兴趣，这是我们能够主观把握并且提高自己幸福感，让自己生命变得活泼的重要办法。现代心理学研究也证实，适度的休闲兴趣能让我们身心健康，极大地提高我们的幸福感。根据心理学调查，花在娱乐活动上的时间多少，是预示生活满意度最强的指标之一[1]。

随着社会发展，人的闲暇时间越来越多，各种精神消费品也越来越多。我们坐在家里，打开电视，就有各种各样的综艺节目送到面前，打开手机，就有无数的游戏供我们选择，如果想到外面休闲，各种演艺剧场、洗脚按摩店也随处可见，商业的发达使得我们的休闲活动中充斥着各种被动的消遣。当然，灯红酒绿、洗脚按摩有助于解压解乏，对于工作压力大的现代人来说，是无可厚非的，但这些被动的消遣只会让我们沉溺于固有的习气当中，有时候并不能带给我们真实的快乐。现代商业会努力让一些活动更快地激起我们的

---

[1] 克里斯托弗·彼得森.积极心理学.徐红,译.北京：群言出版社，2010：149.

感官愉悦，填满我们的业余时间，使我们暂时忽略了生命的无主感和空洞感，但在这些活动后面其实什么都没有，纯被动的娱乐活动吸引我们注意力，"吸收精神能量，却没能提供实质的力量作为报酬，只是徒然使我们变得比原来更疲倦、更沮丧而已"①。

米哈里·希斯赞特米哈伊研究发现，尽管我们不是太喜欢工作，但工作中产生心流的时刻通常比闲暇时候多。问题的关键在于，闲暇时没有了目标和挑战，人在从事被动参与的娱乐活动时，就会陷入意识散漫的"精神熵"中。这实际上是产生了极大的浪费。我们在工作的时候没有自主性，但闲暇时，我们有了充分的自主性，但却没有善加利用，从而错失了真正的享受，使精神的消耗比工作时更加严重，大量的闲暇时间没有能够有效地转化为快乐，以致闲暇越多空虚感越强烈。这也是为什么我们相对于以前的人，物质生活更丰富，闲暇时光更长，休闲娱乐设施也更多，而我们却似乎更无聊，甚至充满了挫败感。

人的最佳体验不是别人或外在给予的，而是我们自己主动塑造的。同样是娱乐活动，选择那些能够产生心流的活动，能够提高我们实际体验的品质，在活动结束后也会有更丰富的充实感和存在感。心流体验不只是当时的快乐，也是自我不断地整合和完善的过程，能够使我们变得更加丰富。

孔子说"**志于道，据于德，依于仁，游于艺**"，这算是儒学的教育大纲了，意思是目标在道，根据在德，依靠在仁，而游憩于六艺。这里将游憩于艺与追求道德相并列，可见其在儒学当中的重要性。当我们能在"游于艺"当中更多地进入心流，我们就能体会到生命

---

① 米哈里·希斯赞特米哈伊.心流.张定绮，译.北京：中信出版社，2017：276.

自然流动的快乐，走出因循固着的"舒适区"，使我们的闲暇时光发挥它真正的作用，给自己一个实现生命变化创新的契机，并带来更长远的幸福感。

在学习中成为更好的自己

好学是孔子对自己的评价最多，也最自信的一个特征，他说有10户人家的地方，一定会有像他一样忠实诚信的人，但不一定会有像他那么好学的人。他"十五而有志于学"到"五十以学易"，一生"敏而好学，不耻下问"，"学而不厌，诲人不倦"，孜孜以求，不仅以学习为安身立命的基础，也在于其中体验到无数乐趣。

从精神分析的角度看，不断通过学习扩充自己的知识领域，与力比多驱力有关。从人本主义心理学的角度来看，不断地学习也是一个不断地自我实现的过程。回到儒学，学习是开拓创新的一个过程，是日日新、又日新的阶梯。

对待学习的态度最令人悲哀的，莫过于将学习当成手段，当成一个获得外在利益的方法。如俗语说的"书中自有黄金屋，书中自有颜如玉"，就是将读书看作是获得黄金屋和颜如玉的手段。当然，如果把黄金屋和颜如玉当成是种比喻，用来比喻学习的快乐不亚于获得黄金和玉颜，倒是可以做另一个解释。但现实是，人不可避免地抱着各种各样的其他目的来进行学习。

在这种情况下，学习有时就失去了它本有的快乐，而变成了苦差事，如"学海无涯苦作舟"云云，极端的，就出现了所谓的"头悬梁、锥刺股"的行径。学习到了这种地步，简直是跟犯了什么错误给自己上刑罚一样。这都是把学习当成了手段，在学习的背后有着更深刻的欲望。正像是梁漱溟说的，许多人"把欲望当成了志气"，于是我们以此为榜样，不仅很难造就真正的人才，恰恰让更多的人对学习望而生畏、望而生厌。

学习是人生的常态，其本身就是人的内在要求，人从出生就开始不断地学习。当一个人是顺着他的天性去学习时，他就应该是快乐的。反之，当他学习得很痛苦的时候，其实是逆着天性在学习，这不仅学不好什么，反而令真正的优势得不到发挥，以至白白浪费了许多天赋。

明代王艮写过一首《乐学歌》："**人心本自乐，自将私欲缚。私欲一萌时，良知还自觉。一觉便消除，人心依旧乐。乐是乐此学，学是学此乐。不乐不是学，不学不是乐。**"意思是人心本来就是快乐的，不快乐是因为欲望的羁绊。如果不被各种欲望牵着鼻子走，人心就是快乐的。之所以快乐，是因为乐于学习。之所以要学，是因为学习才有这样的快乐。觉得不快乐那就不是真学习，如果不学习那就不是真快乐。学习的快乐就在于学习本身，而不是夹杂着其他欲望。当为了某些外在的欲望和要求去学习时，就失掉了快乐的本质，也抑制了学习的本性。

小孩子都喜欢问为什么，这个问就是有一个好奇心。因为人心是喜欢新的，所以总是要探求新的东西，这就是一个学习的内在动力。当这个动力得到满足时，人就会感觉到快乐。因此，当孩子主动问东问西时，正是在表达他学习的愿望和学习的动力，如果这时候能够及时恰当地给予回应，那不仅使他的好奇心得到满足，也激发了他进一步学习的兴趣，对孩子的发展是事半功倍的。科学家发现，好奇心是一种使大脑能够计算出哪条路径或哪种行动，可以让我们在最少的时间内获得最多知识的心理机制。不同的人会对不同的事物产生兴趣，好奇心会引导人去追求对自己更有价值的知识，并且会以最适合自己的方式培养某种技能，发展属于自己的独特能力。

但现实是，这种好学的天然本性，往往被成人扼杀在儿童期。我们很多成人不理解孩子这种求知的内在需要和动机，不了解满足孩子的好奇心就是在培养孩子的学习兴趣，不明白孩子想要知道和想要了解的，正是他们所迫切需要学习的东西。相反，成人喜欢用自己愿望，用自己的认识，去将一些自认为有用的知识强加给孩子，在这个强加过程中，实际上是将成人的欲望强加给孩子，使孩子不仅学不到自己想学到东西，反而失掉了学习的乐趣，把学习当成了需要逃避的事情，从而戕害了孩子的学习天性。孔子说："**知之者不如好之者，好之者不如乐之者**"，而现在的教育大多是反其道而行之，往往只注意培养"知之者"，而不管是不是"好之者"，更遑论"乐之者"了。

以上所说的都是学习的快乐，至于学习什么，其实也都在自己。前面所说"六艺"即可作为休闲兴趣，也可以当作学习兴趣，这些本来就是一而二，二而一的问题。另外，米哈里·希斯赞特米哈伊在《心流——最优化验心理学》一书中也列举了很多容易产生心流的学习活动。如通过阅读、记忆以及书写来整合我们的意识，通过文学、历史、艺术、科学、哲学等象征系统，达到建立心灵秩序的效果。当然，我们学习的方式方法和学习的内容，有时会和我们的气质秉性相关。适合学什么，适合怎么学，可能只有我们自己知道，只能自己去探索，只要是能令我们不断向更健康、更完善、更乐观的方向变化，那就是有益的学习。

每天进步一点点

我们说自新，绝对不意味着我们天天要有大变化。子夏说："**日知其所亡，月无忘其所能，可谓好学也已矣**"，意思是每天增加一些新知识,每月不忘记学过的知识,就算是好学了。刘宗周对此评价说:"君子之于道也,日进而无疆",程颐也说:"**君子之学必日新,日新者日进也**"。

现在社会上也特别强调创新,其实是强调要超过他人,发他人所未发,这是将追求放在了外在的目标上。开拓自新的意义并不是要发明一个专利,研究出一个什么科研成果,我们所谓的自新,是以自身为目的,是对自己的不断超越而言。日新就是每天都相对于前面的自己,有一点点进步。这个进步可能来自你新学习了一点什么,或者来自你新领悟了一点什么,又或者你刚刚完成一件事情、完成一个作品,又或者你认识了新朋友、发现了一个新的风景,甚至是你觉得自己比昨天更快乐了、更理性了等。总之,自新的含义是我们每天让自己有一些变化。这种不断地自我完善、自我发现,使我们能够每天保持着积极心态,对周围的一切保持着新鲜感。

很多时候,我们会因为习以为常的生活节奏而变得故步自封,以至于没什么事情可以引起我们的兴致,从而习惯了日复一日沉溺在循环往复之中。此时,我们或许可以让自己来一点小冒险。在上一章,我们提到为了避免遗憾,需要我们更自主地去做一点事情,在这里,也是为了避免遗憾,我们可以定期给自己设定一点突破性的目标,走出你的舒适区,去尝试一下你从来没有尝试过的事情。比如去学习一个新技能、学习一件乐器,做一次义工,兼职一个短期职业等,或许你会发现你拥有自己都不了解的能力或天分,或许你可以找到一个新兴趣点、一种新的快乐、一个新的机会,甚至发现一个全新的自我。正是在这些微小的自我创新中,孕育着改变人类生活的大创新。

米哈里·希斯赞特米哈伊建议保持兴趣和创造力的方法,就是每天都设法为什么事情而感到惊奇。这个事情不要太复杂,可以是任何你看到、听到或者想到的事情。比如说,停下来看一看停在路边的不寻常的汽车,品尝一下咖啡店的新品,他说:"体验事情原来的样子,而不是你认为的样子,对世界正在告诉你的事情保持开放的态度。生活只不过是一种体验流,你在其中游得越远越深,你的生活就会越丰富。"① 当然,我们仍要记住,真实的快乐来源于内在,而非外在的目标,我们所做的一切,仍然是围绕着我们内在的自新需求而展开。这种对新奇的探索,也不应当寄予过高的期望,希望通过偶尔的尝试就得到巨大的变化,这根本就是不现实的。研究证明,普通的快乐胜过强烈的快乐,幸福的关键不在于我们感受到的快乐强度,而在于我们感受到快乐的频率②。我们需要做的,就是让自己每时每刻都在感受自己的微小进步,每时每刻都为自己的点滴进步而快乐。

我们现在处在一个高速变化的时代,知识快速地更新换代,科技发展让我们目不暇接。有人说大学一毕业就有 40% 的知识过时了,一年不更新 80% 过时,三年不更新 99% 过时。在这个快速变化的潮流中,我们学习什么,掌握什么有时候已经不是非常重要了,我们更需要的是一种自主变化的能力,面对变化我们能够随时接纳变化,拥抱变化,顺势而为,以变化为乐。

马斯洛认为,人的创造力与健康、自我实现、完满人性等概念最终是一回事。也就是说,一个健康的人、一个自我实现的人其必然是一个充满创新能力的人。在马斯洛所研究的自我实现者中,选择专业的方向并不是一致的,他们所为之感动激动的事物也是不同

---

① 米哈里·希斯赞特米哈伊. 创造力. 黄钰苹, 译. 杭州: 浙江人民出版社, 2015: 334.
② 索尼娅·柳博米尔斯基. 幸福的神话. 黄钰苹, 译. 杭州: 浙江人民出版社, 2013: 163.

的,但他们的共同点是,每时每刻以全新的眼光看待事物,保持着对事物的好奇,即使对于特定的经验和事物,他们也并不是总是怀着相同的感受,他们喜欢不断去探索与发现事物当中蕴含的新的体验和意义。马斯洛说,"这样的人能够随遇而安,能以变化为乐,能够即兴创造,能够满怀自信、力量和勇气地应对对他们毫无思想准备时面临的情境。"[1] 他们会发现或感受到自己的日新月异,而且对此没有任何的不安,他们喜欢这种变化的乐趣,他们享受着这些变化,并且满意地在这种流动变化的趋势中持续发展着自我。

如果我们能够像那些自我实现者一样,顺着天性的要求,去发展我们生来就有的好奇心和创新的需求,发展兴趣,不断学习,那么我们不仅会享受这令人愉悦的过程,自身能力也会逐步得到提高。也许有一天,我们从微小的自我创新中,在某个领域里开创出前人所未有的局面,那自然是更加令人振奋的。当然,这一点只是自我更新的副产品而已,并非是我们要追求的目标了。

练习:品味

说到品味,可能世界上没有哪一个民族比中国人更深谙其中的滋味了。林语堂把中国人这种细细品味生活的特性,归之于对"悠闲生活的崇尚",他说中国人"这种爱悠闲的性情是由于酷爱人生而产生,并受到了历代浪漫文学潜流的激荡,最后又由一种人生哲学承认它为合理近情的态度。"

曾点说自己的志向是:"在暮春时节,穿上春服,和五六位成年人,六七个青少年,在沂水河中洗澡,在舞雩台上吹风,唱着

---

[1] 亚伯拉罕·马斯洛. 人性能达到的境界. 曹晓慧, 等, 译. 北京: 世界图书出版公司, 2014: 52.

歌回来。"如果拿现在成功学的标准,这都算不上志向,这就是生活而已,但就是这种不存在其他目的、合理近情的生活,才得到了孔子的认同。中国人惯长于在平凡庸碌的尘世生活,体味生命本身的乐趣。这可以说是中国人一脉相承的精神内核,也是中国人在漫长而沉重的历史之流当中,轻灵的精神之羽。林语堂说生活的目的就是"生活的真享受",并且也不能称之为"目的","因为这种包含真正享受它的目的,大抵不是发自有意的,而是一种人生的自然态度。"

苏轼在《赤壁赋》中说,"**惟江上之清风,与山间之明月,耳得之而为声,目遇之而成色;取之无禁,用之不竭。是造物者之无尽藏也。**"你看,江上的清风和山间的明月,不属于任何人,取之不尽,用之不竭,它们永远都在那里,只是需要去发现去品味。这种对平凡事物的品味,在中国文人的作品当中,可以说比比皆是。陶渊明的"倚杖柴门外,临风听暮蝉",孟浩然的"开轩面场圃,把酒话桑麻",王维的"行到水穷处,坐看云起时"等,都是我们司空见惯的生活点滴,但他们却在极平常的生活中,体会着诗意的人生。

孔子说"**食不厌精,脍不厌细**",有人批评孔子对饮食的要求过高,但孔子也说过"**饭疏食饮水,曲肱而枕之,乐亦在其中矣**",其实对饮食生活的要求并不高。因此,"**食不厌精,脍不厌细**"之意,并不在于食物的奢美,而是在于物尽其用、食尽其材。同样的食品,你好好地享受是一回事,你粗制滥造、食而不知其味是另一回事。明代李渔在《闲情偶记》当中,对生活的方方面面,无论衣食住行,乃至器玩种植等,都事无巨细地进行说明,但宗旨却是不尚奢侈,力求清淡高致、自然适意,非常值得我们现代人学习效法。

这种实实在在地品味当下生活的态度,有时会被误解为及时行乐,其实这是有很大的差异的。梁漱溟曾经说,中国人的生活态度,或者说对待生命的态度是一种"郑重"的态度。就是郑重地对待生命,郑重地对待食物,郑重地对待他人的关系等。我们说孔颜之乐不是向外找的,不是做出来的,就是这个意思。品味是通过自身生命状态得到自然呈现而获得满意感。对古人来说,春天采支新笋回来,细细烹制,慢慢品味,由此感受到此时大自然春的节律,感受自己的身体节奏也是和万物一样,在自然地生发生长,此中之乐,也就远比烹牛宰羊要享受得多。

本章里提到,人生之所以会感到无味,是因为我们对自己惯常的生活会产生心理上的自动适应,而克服这一点的关键,并非是到处去寻找惊奇,因为是我们的心厌倦了,外在的改变可能一时会有效果,但却并不能总是奏效。所以,更重要的是我们要保持对于生活的好奇心。如果每个夜晚,你都不抬头,就不会发现每天的月亮都在变化,古人在建房植树时,都要刻意考虑留出一块天空,以便不期然看到月亮。我们可以想象,当一个古人经常不期然看到一个月亮掩映在树间时,那么这个夜晚对他来说就是新奇的。

现在的我们在很大程度上,已经渐渐地失去了这个能力。我们已经习惯地以为,消除了烦恼、无聊、孤独,就会变得快乐,但这分明是一种消极态度。在我们试图去消除这些负面的感受和情绪时,更大更多的烦恼、无聊、孤独就会袭来。对于古人来说,生命不是要消除什么来获得快乐,而是让其本身成为快乐,是在平庸生活中发现快乐。我们现在似乎需要有意识地去发展这样的正向能力。

在当代西方心理学，品味已经作为一种能力而得到研究。布莱恩特将品味定义为：积极主动地对任何经验欣赏性的享受过程。克里斯托弗·彼得森在《积极心理学》一书中，列举了一些品味的练习，在这里引用以供大家参考：

首先你要找一个品味的对象。它可以是一封期待很久的信件，可以是收到的一张贺卡，可以是一次美食，可以是一次朋友间的亲切交流，可以是一次徒步等。当你选定了任何一件事物后，试着不要像平常一样当作理所应当地一掠而过，而是停下来，去注意过程当中美好的感受。无论是读信、交谈还是徒步，都要细细品味这个过程，并尝试如下策略：A. 与别人分享这次经历，或告诉别人你非常珍视这个瞬间；B. 记忆重建，拍一些照片或保存一些纪念品，在日后可以反复回味或与别人分享；C. 自己祝贺自己，不要害怕接受奖励。对自己说，自己是怎样给别人留下深刻印象的，自己期待这一时刻的到来已经很长时间了；D. 加深理解，关注经历中的特定细节，并分享给朋友们；E. 投入，让自己充分地沉浸在对事件的喜悦当中，不要想其他事情。

这些练习并不困难，而品味的意义也并非只是几次练习，真正的挑战在于我们能否形成品味生活美好的习惯。当然，品味与文化心理的关系也是非常重要的，西方心理学家们所提供的品味练习固然很好，但是否适合我们自己，需要我们自己去体会。

对于生活的品味，于平凡中发现新奇与诗意，是中国人的先天基因，自古以来，有关如何去品味生活的点点滴滴，我们有着巨大的文化资源。林语堂《生活的艺术》对这方面所述甚详，同时也引用了大量古代文人的文章。希望那不是中国人古典精神的余响,而是让我们寻回自己文化味蕾的开始。

最后,让我再附上苏轼的《记承天寺夜游》,这是一篇非常简短的小文,不到 100 字,却很能体现这种于简单生活中发现新奇、发现快乐、发现美好的精神传统。

元丰六年十月十二日夜,解衣欲睡,月色入户,欣然起行。念无与为乐者,遂至承天寺寻张怀民。怀民亦未寝,相与步于中庭。庭下如积水空明,水中藻、荇交横,盖竹柏影也。何夜无月?何处无竹柏?但少闲人如吾两人者耳。

这篇文章写于公元 1083 年,当时苏轼因乌台诗案被贬黄州已经 4 年。十月十二日晚上,他脱下衣服正准备睡觉,忽然看见月光透过窗户洒入屋内。于是,他开心地起来散步。想到没有人与自己一起来感受这个快乐时,就到承天寺去找自己的朋友张怀民。恰好张怀民也没有睡,于是两人就在庭院中散步。庭院中充满着月光,像积水充满院落,清澈透明,水中还有水藻、荇菜纵横交错,原来那是竹子和柏树的影子。哪一个夜晚没有月光?哪个地方没有竹子松柏呢?只是很少有像他们那样能够从容品味生活的人罢了。

第七章
礼乐生活，和中之乐

几年调弄七条丝，元化分功十指知。
泉迸幽音离石底，松含细韵在霜枝。
窗中顾兔初圆夜，竹上寒蝉尽散时。
唯有此时心更静，声声可作后人师。

——方干《听段处士弹琴》

孔子一生都在致力于恢复周朝的礼乐传统。作为上古三代的礼乐制度，原本是贵族统治者的日常行为规范，有维护社会秩序和政治秩序的重要功能。但孔子发展了其伦理化的功能，使之成为普通个人得以自我实现的途径，即所谓"**兴于诗，立于礼，成于乐**"，成为人伦教化的一个重要手段。

礼乐的心理象征意义

礼乐教化的功能就其外在而言，是使人在礼乐的规范当中，逐步明确自己的社会角色和人伦关系中的定位，能够更好地适应社会。就其内在而言，则是通过诗书乐舞的熏陶，在潜移默化中，陶冶人的性情，发展人的本性，使诗书乐舞成为美好人性的外显。

因此，孔子所倡导的礼乐之教，是由内到外的。所谓"**兴于诗**"，就是通过诗来引发人的内在性情，朱熹在《集释》说，诗歌的感发力很大，对人的影响是潜移默化的，人往往情不自禁，自己都还不知道。正是因为诗歌具有这样的感发力，所以能比较容易地启迪人的爱美向善之心，从而走上人性的自我塑造之路。所谓"**立于礼**"，是指礼的作用能够使人的行为得到规范，不至于过度，所谓"**发乎情，止乎礼**"。正因为人性被感发后，有可能过激不可收拾，此时需要"礼"来进行一下规范，使之既不过分也没有不及。而最终是"**成于乐**"，即人因乐而成，就是通过弦歌乐舞的陶冶，最终使人成为一个自然人性与社会属性相统一的"成人"。用李泽厚的话说，就是"理性与情感的各种不同程度、不同关系、不同比例的交融结合"。

后世对礼教大加鞭挞，其主要原因是礼教成了单一的外在要求，失去了"兴于诗"和"成于乐"的内在感发，只剩下了僵化的规矩教条，以致于离人性越来越远。况且，"**礼之用，和为贵**"，"和"就是人性自然的呈现，不偏不倚就是"和"。如果失掉了内在人性的需求，失去内在情感的支撑，礼就不是真正的礼了，那就是一堆无用的形式，没有任何的意义。故而孔子说："**人而不仁，如礼何？人而不仁，如乐何？**"

礼乐为什么对人格的发展有这样的功能呢？礼乐从外在而言是社会行为规范，但就内在而言必须有"诚敬"的心态。根据李泽厚《由巫到礼 释礼归仁》一书的观点，礼乐制度来源于上古的巫术仪式仪轨。"周公通过'制礼作乐'，将用于祭祀祖先、沟通神明、指导人事的巫术礼仪，全面理性化和体制化，以作为社会秩序的规范准则"[①]。这个"诚敬"是来源于进行巫术活动中，巫者虔诚

---

① 李泽厚.由巫到礼 释礼归仁.北京：生活·读书·新知三联书店，2015：25.

的精神状态,是在实施巫术的过程中,产生了人神合一、天人合一的意识状态,诚敬也是对天地神明的敬畏。如果离开了内心的诚、敬、畏、崇等心理情感的支撑,那么礼乐本身就失去了其本来功用,而变得毫无意义。所以,礼乐从一开始就带有一种内外修通的功用。

但在孔子的时代,这套礼乐制度已经非常僵化,变成了没有内涵的礼仪形式,所以当时诸侯僭越礼制的情况已经很普遍了,大家都对这些礼仪形式不再有敬畏的态度。孔子要挽救这种"礼崩乐坏"的局面,就要恢复上古时,在施行这些礼仪时所具有的内在精神状态。但如果回到巫史时代的祭祀天地神明时的狂迷状态,已经是不现实的,也是不可取的了。因此,孔子将巫术礼仪当中,对天地神明的诚、敬、畏、忠、信等神圣化的情感,转化为人的天性当中善的因子,将对天地鬼神的敬畏转变为日常生活中的行为规范,让人们从内在的亲情感受出发,推己及人,使夫妇、君臣、父子、兄弟、朋友的世俗人伦关系也同样具有了神圣性。这就是李泽厚所说的"释礼归仁"。

由此我们可知,礼乐传统来自非理性的巫术,经过周公理性化改造,成为规范的仪式,再经过孔子加入人性情感的启迪和感发,使之成为一套完善的人格成长的手段,成为人人可用的"成人"之学。

礼乐之所以能对人格发展产生积极作用,还在于其所具有的心理象征意义。根据褚元春的研究,商代的宗教祭祀活动非常发达,从天地到鬼神,祭祀的对象非常多,也非常频繁,而在这些祭祀活动中,乐又起着非常重要的作用。《吕氏春秋·古乐篇》中记载,在远古朱襄氏治理天下时,多风而且阳气太盛,万物四散,果实难以成熟,所以创造了五弦瑟来招阴气,以稳定众生百姓。而在陶唐氏治理天下时，又阴气太过，天地之气滞涨沉积，水道阻塞，不按照原来的流向运行，百姓的精神也抑郁积滞，筋骨蜷缩不能舒展，所以就创作了舞蹈来加以疏导。乐舞在上古时代既有沟通天地自然、调和阴阳的作用，同时也对百姓的情志有疏通调畅作用。这虽然还是带有巫术性质，但也充分说明了我国先民早已经认识到，乐舞对于人心理上的积极作用和意义。

商代在祭祀仪式上表演乐舞，被认为是可以沟通神灵、娱悦鬼神。到了周代，"周因于殷礼"，沿袭了商代的礼制。"**国之大事，在祀与戎**"，祭祀礼仪是重要的政治文化活动，而周公"制礼作乐"，也强化了这些礼仪的规范性和制度性。但无论如何地变化，这些原始巫术所具有象征性则一直保存了下来。《礼记·乐记》有专门写乐的象征内容："**是故清明象天，广大象地，始终象四时，周还象风雨……故乐行而伦清，耳目聪明，血气和平，移风易俗，天下皆宁。**"意思是说：音乐的清明象征着天，广大象征着地，乐曲的周而复始象征着四季，舞姿的往复回旋象征着风雨。所以乐教的施行使伦理得以彰明，使人民耳目灵敏，气性平和，社会风俗也随之转变，普天之下都得到安宁。

这些礼乐规范在很大程度上，象征着人对天地万物的理解和互动，其中也包含着对于人自身发展的象征。因为原始巫术的一个重要原则是"互感"或"互渗"，即通过自身个体的行为来改变外在自然的规律。现在我们知道，在巫术活动中的这些行为，其实是来自人的内在心理结构，看似人在通过仪式化的行为与天地进行沟通，其实是通过仪式化的行为与内在的自己沟通，于是这些行为就成为一种象征行为。那些在今天看来奇奇怪怪的巫术仪式，保护着原始人类安全地渡过自我发展的每一个危机，引导着人们跨越心理发展的阈限，不仅使意识形式发生了改变，无意识的生活也随之而转化①。

当进行巫术活动时，施术者总是要进入精神恍惚或狂迷的状态，此时，他的行为更多地是无意识心理活动的外显。然而，随着文明的进步，人的理性越来越发达，与潜意识的隔膜越来越大。周公制礼作乐可以看作是人类理性化的一个胜利，同时，也预示着这些礼制失去内在心理源泉的危险。而孔子的伟大之处在于，将礼乐重新注入情感的要求，其实是将这些本具象征性的仪式行为，重新与人的内在相联系。只是孔子所倡导的礼乐，已经是经过理性洗礼的象征行为，并没有恢复巫术的狂迷与恍惚，而是让心理情感通过具有原始象征意义的活动得到表达。

作为现代人，在理性思维占主导地位、物质空前发达情况下，更容易失去与内在的联系。当代人应该如何寻找内在价值呢？神话学家坎贝尔认为，应该从本民族乃至全世界的神话当中去寻找线索。但我国的神话在很大程度上被理性化了。例如在世界各民族的神话中，几乎都有为人类盗火的神灵，也有为人类盗药的神灵。而在我国，掌握火的燧火氏和尝百草的神农氏，都成为了人间的帝王，这或许也是周公制礼将巫术传统理性化的结果。而孔子释礼归仁，却为中国人开辟出了另外一条独特的、内外修通的道路，2000年来滋养着中国人的心灵。从这个意义来说，孔子的"礼乐之教"对当代的我们来说，也许并不是仅仅重建一种社会规范那么简单。

乐教对人格的陶冶

根据徐复观的研究，乐教先于礼教。孔子明确提出"**成于乐**"，

---

① 约瑟夫·坎贝尔.千面英雄.黄珏苹,译.杭州：浙江人民出版社，2016：6.

肯定了"乐"在人性的陶冶和完善的作用。如果说之前的乐教，相当于是贵族子弟们的政治学习，那么，孔子则是将音乐作为人格完成的自觉行为。《史记·孔子世家》中记载的孔子学琴的经历，也许可以使我们窥见一二。据说，孔子跟鲁国的乐官师襄子学习弹琴，学了十天仍然不进一步学习。师襄子说："可以多学习一些新东西了。"孔子说："我虽然熟习了乐曲的旋律，但是还没有掌握演奏的技巧。"过了一段时间，师襄子说："你已经熟习演奏的技巧，可以多学习一些新东西了。"孔子说："我还没有领会乐曲的志趣啊。"过了一段时间，师襄子说："你已经熟习乐曲的意境了，可以多学习一些新东西了。"孔子说："我对乐曲的作者还不了解啊。"过了一段时间，孔子沉思默想，感觉怡然欣喜，意志升华，于是说："我了解乐曲的作者了，那人皮肤深黑，体形高大，眼光明亮远大，像个统治四方诸侯的王者，如果不是周文王，还有谁能创作这首乐曲呢！"师襄子离开坐席连行两次拜礼，说："老师曾经说过，这首乐曲的名字就叫作《文王操》。"

从这段记载中看，孔子不仅只是学习和掌握乐曲的旋律和演奏技巧，更是要体会乐曲所蕴涵的意境和志趣，并与乐曲的作者周文王达到"感而会通"的程度，体会到了周文王的完美人格。由此，孔子在与音乐交互浸润的过程中，完成了与自己理想人格的融合，使自我人格得到了进一步完善和提升。

当然，孔子对音乐也并非是来者不拒，而是说只有好的音乐才对人有完善人格的作用，不好的音乐则会起到反面的作用。在《论语·卫灵公》中，颜渊询问怎样才能治理好国家，孔子回答说：要演奏韶乐，远离郑国的音乐，并说"郑声淫"，认为郑国的曲调破坏了正统的音乐，**"恶郑声之乱雅乐"**。徐复观猜测说，可能是因为郑国的音乐"顺着快乐的情绪，发展得太过，以至于流连忘返，便会鼓荡人走上淫乱的道路"。究其实际,应当是指郑卫之音不合中道。好的音乐按孔子的说法应该是"**乐而不淫,哀而不伤**"的,郑声是感发太过,不仅不能使人完善,反而使人偏离中和。《中庸》道:"**喜怒哀乐之未发,谓之中;发而皆中节,谓之和。**"好的音乐不仅能够让人的喜怒哀乐之情得到合理地抒发,而且要"发而皆中节",使人从其中体会到"致中和"的善与美。

韶乐大概正是具备了中和的感发功能,才为孔子所推崇。《论语·述而篇》中记载,孔子在齐国听韶乐,三个月吃肉而不知肉味。《竹书纪年》记载:"有虞氏舜作《大韶》之乐",《吕氏春秋·古乐篇》也记载:"帝舜乃命质修《九韶》《六列》《六英》以明帝德。"由此可知,韶乐是舜主持创作的,主要目的是用以歌颂示范圣人德行的。我们可以想象,孔子在韶乐中,同样体会到了舜的伟大精神人格,从而自己得到感发,以至于肉的美味都变得微不足道。

对于音乐之美,孔子的评价标准即是否能启发人性内在的善。《礼记·乐记》中说:"**和顺积中,而英华发外,唯乐不可以为伪**"。意思是说,和顺积于心中,才会有华彩散发出来,只有音乐是不可以作伪的。中央音乐学院的高天教授说:"音乐是所有艺术形式中唯一在自然界和客观环境中没有原型的艺术。恰恰是因为音乐在现实世界中没有原型,它就格外地不用受到现实世界的束缚,完全依据人类内心世界的需要而随意变化,无所顾忌。也正是因此,音乐与人的内心世界的关系最为直接和贴近"[1]。在中国传统思想当中,真善美是统一的,真实地发自内在的天性,就一定同时是善的,就是美的。反之,偏离了天性就不是美的善的。因此,当我们在体验美的同时,就是在体验着我们内在的生命力。一个人在生活中经常地体

---

[1] 高天.音乐治疗学基础理论.北京:世界图书出版公司,2007:74.

验到美的感受，那么他就是时时感受到自己生命的美好，面对挫折与打击时，他也具备更强的心理抵御能力。《礼记·乐记》说："**致乐以治心，则易直子谅之心油然生矣。易直子谅之心生，则乐。**"意思是，如果能用乐教来治其心，则和易、顺畅、慈爱、诚信之心，就会油然从内在生发出来，当这些和易、顺畅、慈爱、诚信之心生发出来时，人就会感到快乐。

音乐的疗愈作用

在中国古文字当中，乐的繁体字是"樂"，药的繁体字是"藥"，属于同源字，说明我国古人对音乐的治疗作用有一定认识。无独有偶，在古希腊神话当中，阿波罗神同时掌管着音乐和医疗。在原始社会当中，巫师为人治病时，通常会运用乐舞进行降神和驱邪活动，他同时是音乐师也是治疗师。高天教授认为，人类早期大量从事音乐活动，也是因为能在音乐中不断地体验到美的震撼，不断地增加对生命力的积极体验，从而能够增强应对痛苦、恐惧、压力和疾病的能力。在原始社会中，人类面对的生存危险要比现在多得多，因此不能将音乐只看作是茶余饭后产生的休闲娱乐活动，而是实实在在的、最直接的生存需要[1]。

中国古代也多有记载通过音乐来调畅情志、治疗疾病的案例。如宋代欧阳修的《送杨寘序》中说，他的朋友杨寘被安排到一个很偏远的地方去做官，心情很郁闷。欧阳修担心对他的健康不利，于是为他弹琴送别，并告诉杨寘，自己因官场忧劳而生病，通过学习弹琴，不仅医好了自己，而且还很快乐，觉得排遣忧思，没有什么

---

[1] 高天. 音乐治疗学基础理论. 北京：世界图书出版公司，2007：76.

药物比古琴更好的了。

当然，音乐对心理的疗愈效果同样也被现代人所认识。美国威斯康星大学的心理学家通过实验发现，莫扎特的音乐可以改善人的计算和空间感知能力，但单纯的噪音和其他音乐家的音乐都无法达到这一效果。由此，人们提出了"莫扎特效应"，倾听莫扎特的音乐成为胎教、提高工作效率等重要手段。如今，音乐治疗已经成为一门成熟完整的学科，通过听音乐来治疗一些心理疾病和慢性病，都已得到临床的验证。

抛开疾病的治疗不说，好的音乐能够改善人们的情绪，这一点是毋庸置疑的。研究表明，好的音乐可以提高大脑皮层的兴奋性，消除紧张、焦虑、忧郁、恐惧等不良心理状态，提高应激能力，激发感情，振奋精神。一段舒缓的音乐，可以让人的心很快地安静下来。高天教授曾经简洁地概括道："音乐就是音乐情绪，音乐情绪就是音乐本身，音乐本身就是一个情绪过程"[1]。音乐这种调动人的情绪和情感的特点，或许正是孔子推崇乐教的原因，《礼记·乐记》中说：**"乐也者，动于内者也"**，说明古人也认识到音乐是从人的心灵流淌出来的，是人身心节奏和谐的外在显现。相应的，美好的音乐也可以激荡人的心灵，使人心得到感发，使人在无意识当中与自己的内在进行沟通。

由于音乐所带动的首先是情绪和情感，所以，它既可以使人导向内心的和善，也有可能过分激烈或哀怨，使人失去中和之心。所以《礼记·乐记》中说："**乐（yue）者，乐（luo）也。君子乐得其道，小人乐得其欲。以道制欲，则乐而不乱；以欲忘道，则惑而不乐。**"意思是说，音乐使人快乐，有修养的人因为音乐使自己合于道

---

[1] 高天. 音乐治疗学基础理论. 北京：世界图书出版公司，2007：44.

而快乐,而没有修养的人因为音乐满足了他的欲望而快乐。以道来制约欲望,那么音乐就会使人快乐而不迷乱;因为欲望而失去了道,人就会迷惑和不快乐。

中国传统所提倡和追求的音乐,有3个特点:一是静;二是易;三是和。《礼记·乐记》**"乐由中出,故静。礼由外出,故文。大乐必易,大礼必简"**。意思是说,音乐从内心中流露出来,所以是纯静的,礼制是从外部的要求而来,所以是有条理的。最隆重的音乐必然是简单而平易近人的,最隆重的礼仪必然是简朴而不繁复的。对于静的含义,徐复观解释为"纯净",也就是心在喜怒哀乐未发时的状态,是纯然没有烦恼杂染的状态。好的音乐能使心回到纯真、纯静的本然状态。而所谓的大乐必易,正因为美好的音乐是为了启发人的纯净至静之心,所以其形式也必简易,不会过于繁复杂芜。而在这至简至静之乐中,进一步体会到的是"大乐与天地同和",将人的精神和谐,提升到与天地自然和谐的高度。天人和谐是古人所追求的最高境界,如果只从理念上知道是不够的,而由音乐从内中感发,却是自然所至,更具有感染力和内在的支撑力量。

所谓郑卫之声,由于使人的情绪情感过激,遭到孔子厌弃,这是让我们在选择音乐时,避免情绪过分迭宕。但在现代社会,显然要求不能这么严格。我们了解了音乐的这种调节情绪的功能,就可以更宽泛地选择适合的音乐。如果今天的人还要再去听韶音古乐,往往也很难有所体会,毕竟时代变了,人的审美趣意、对音乐的理解都发生了变化。即便是孟子也说**"今之乐,犹古之乐"**,假如孔子活在今天,听到莫扎特的音乐,想必也要会心一笑,感到至善至美吧。在这一点上,徐复观说得最好——其实,乐的雅俗,在其所透出的人生意境和精神境界,而绝不关系于乐器的今古与中外,与歌词的体制也无太大的关系。

艺术对心理的促进作用

上面我们主要谈的是音乐,但所谓的"乐教",并非只是单指音乐,而是诗歌乐舞为一体,《礼记·乐象》上说:"**德者,性之端也;乐者,德之华也;金、石、丝、竹,乐之器也。诗,言其志也,歌,咏其声也;舞,动其容也。三者本于心,然后乐器从之。**"意思是,品德是人性的中正显现,而乐是德的外显光华,金、石、丝、竹是乐的工具。诗歌抒发内心志向,歌吟唱心中的声音,舞蹈表达内心的姿态。诗、歌、舞都源于人的内心,然后用乐器来伴奏跟随着内在的心声。诗歌的吟诵和身体舞动像音乐一样,同样对人的心理产生积极的作用。

郭沫若说:"中国旧时的所谓'乐',它的内容包含得很广。音乐、诗歌、舞蹈,本是三位一体可不用说,绘画、雕镂、建筑等造型美术也被包含着,甚至于连仪仗、田猎、肴馔等都可以涵盖。"因此,任何的艺术,都可以使人在快乐中感受到真善美,即使通常认为不属于艺术门类的活动,如饮茶、烹饪、插花,以及其他游戏活动,如果上升到艺术的高度,同样会有与诗歌乐舞同样的作用。

经典精神分析理论认为,人都具有来自本能的破坏性冲动,因为不符合社会的道德规范和禁忌,所以这部分心理能量被压抑在潜意识里面。但这种力量无时无刻不想要实现出来,因此它会通过一些非直接方式表达。做梦、艺术、神经症是三种主要的表现方式,其中做梦是被动的,神经症是病态的,而唯有艺术是被社会文化所接受的,也是一种可以自主控制的方式。因此艺术是表达释放内在压抑的重要途径,通过对潜意识的升华、投射,可以满足一些隐藏的愿望,缓解内在的冲突。

瑞典心理学家荣格则认为，人类在浅表意识下面，存在着庞大的集体无意识，它是某一种族全体成员、甚至整个人类所共有的心理结构，人们可以通过艺术的象征作用，感受潜意识中的各种原型，并达到人格的整合和完善。

而行为主义心理学则认为，艺术是一种带来愉悦的游戏活动，当一个人完全投入地创作或欣赏艺术时，就会像儿童玩游戏一样，身心得到放松，并产生一种身心的统合，从而带来心灵的成长。通过从事与艺术相关的工作，可以转移和减轻当事人的不良情绪。正因为艺术在心理学当中有如此重要的意义，所以艺术疗法也成为一种重要心理疗愈的手段，并因不同的艺术门类，而形成了不同的治疗形式，如音乐疗法、美术疗法、舞动疗法、文学治疗等。

当然艺术更重要的社会功能还是陶冶情操，启迪人性的真善美，有助于人格的完善和良好性格养成。从更广泛的角度来看，艺术更有移风易俗、德育教化的作用，这也是蔡元培提出以美育代替宗教的出发点。李泽厚说："美是人的本质力量的对象化。"如果我们能够在生活中经常地发现美、欣赏美、创造美，那么就是我们的本质力量得到发展的体现，我们也会时常感到生机勃勃，充满生命力。反之，如果我们在生活中很少体验到美的感受，那么生命就会显得苍白和无力。通常艺术被分为八大门类：文学、音乐、舞蹈、雕塑、绘画、建筑、戏剧、电影，每一个门类也都包含很多形式，也都能够起到美育的作用。下面以书画为例，来谈谈艺术对我们心理的促进作用。

书画艺术对塑造中国人的民族性格产生过重大而深远的影响，对中国人的心理健康和审美心理有着非常特殊的意义。它被历代帝王和贤哲们所推崇，除了本身有很高审美价值以外，更重要的一点是，书画有"载道"的功能，能够完成对人品格的塑造。

在我国，"书如其人""画如其人"是一个被普遍接受的观点，如清代的刘熙载说："**书者如也，如其学，如其才，如其志，总之曰如其人而已**"；明代文徵明说："**人品不高，用墨无法**"；清代沈宗骞说："**笔格之高下，亦如人品**"。正如孔子对韶乐"尽善尽美"的描述是对人格"尽善尽美"的追求，中国书法绘画艺术同样也是在追求着善与美的统一。在这种美学思想的指导下，对书法绘画艺术美的追求，就变成了对理想人格的追求。所以，古代人评论书法和绘画的同时，也是在评论创作者的人品。清代范玑就将画作分成正格和病格，其中"士大夫气""名士气""山林气"等为"正格"，而"浮躁气""脂粉气"等为"病格"。很显然，从人的角度来看，"士大夫气""名士气""山林气"是理想的人格，而"浮躁气""脂粉气"则是有缺陷的人格。

儒家所提倡的理想人格，不仅塑造着中国人的民族性格，也塑造着中国书画的品格。反过来通过对中国书画的学习、创作与欣赏，也成了完善人格的重要途径。如孔子说：仁者乐山，智者乐水。这在很大程度上促进了中国山水画的发展，因为后人都从山水之间体会到了仁者和智者的伟大人格魅力。如宗炳在《画山水序》中说："**圣贤映于绝代，万趣融其神思**"，通过观看古人的山水画，可以体会到古代圣贤的"神思"，这和前文"孔子学鼓琴于师襄子"的故事是一样的道理。中国画的常见题材如"岁寒三友""四君子"等，也是因其象征着高洁的人格特征而广受人们的喜爱和推崇。

此外，中国书画也比较容易带来心流体验和精神的超越。中国长达千年的书画精神传统，就是不讲究形似，而讲究写意和神韵，讲究摆脱思虑和理智，以自然随性的方式，达到物我两忘的心灵境界。如杜甫描写张旭书写时："**张旭三杯草圣传，脱帽露顶王公前，挥毫落纸如云烟**"，又如符载描写张璪画松石时："**遗去机巧，意冥玄化，而物在灵府，不在耳目"，这些描写都表现出一种心无旁骛的创作状态。另外，如王微面对山水画时"望秋云，神飞扬，临春风，思浩荡，虽有金石之乐，珪璋之琛，岂能仿佛之哉"的愉悦感；恽寿平画画时"解衣盘礴，旁若无人"的畅快感；郭熙"胸中宽快，意思悦适"的平和感等，这些体验都可以看作是心流体验，或者是自我实现时的"高峰体验"。黄庭坚《道臻师画墨竹序》中写道："夫心能不迁于外物，则其天守全，万物森然，出于一镜"，意思是说，如果心能够不被外物所吸引，就能保持大性圆满，就能随性而发、由感而通，心灵像镜子一样能够反映出万事万物，达到与自然一道保持完备无缺的状态。这已经由绘画的愉悦，获得了精神的超越和升华。

绘画本身也是心理治疗的重要技术之一，作为心理学家的荣格，在心理出现重大危机时，也是通过大量的绘画，对自己进行疗愈，完成自我内在的整合。由此，他认为人的心理存在一个自性化的过程，通过对潜意识中自性原型的体悟，能够逐步达到心理上的自我完善和人格整合。笔者在《自性的显现与体验——论传统中国画中的道与自性原型》一文中曾经论述过，中国画既是道的象征，更是古人心灵的象征，这种象征，正是"自性原型"所起到的内在作用。对自性原型意象的积极想象，是个人自我完善的最好途径。欣赏和创作中国书画作品，也可以看作是完成自性化的途径之一。

此外，练习书法对人心理健康的影响也得到了研究证实。通过调查发现，练习书法者的心理健康状况比未从事书法练习的人好；练习书法时间长的比练习时间短的心理健康水平高。对于儿童来说，练习书法有助于矫正一般性不良行为，增进注意力，减少冲动情绪和行为；对成年人来说，练习书法可以稳定情绪，降低焦虑水平。据文献报道，中国书法已经成为汉语地区不少心理医生常用的心理处方①。由此可见，书法和绘画不仅给人带来审美享受，对舒导情绪、减压放松、平衡身心都有很好的作用。

礼的情感调节与心理转化

前面说，乐教之所以对人格的培养有着很重要的作用，是因为乐舞活动带有象征的意味。而"礼从乐来"，乐有其象征作用，礼仪同样也有象征性的作用。《礼记》说"**凡礼之大体，体天地，法四时，则阴阳，顺人情，故谓之礼。**"古代的礼制多的是通过效法天地自然的仪式化过程，完成一次外在和内外的转化。使人的情感得到合适的条畅。美国神话学大师坎贝尔说："神话和仪式的一个主要作用，就是提供能够引领人类心灵前进的象征。"

就中国现在实际情况来看，当下的礼节仪式等与古代已经有很大的变化，但婚丧嫁娶等在民间还是有广泛的基础。所谓"礼之用，和为贵"，就是说，无论是喜事抑或是丧事，礼的作用都是使人们在情感的表达上，保持着既不太过，也无不及的中和状态。

以丧礼来说，算得上是对哀伤的一个处理过程。《礼记》上记载："**三日而食，三月而沐，期而练，毁不灭性，不以死伤生也。丧不过三年，苴衰不补，坟墓不培，祥之日，鼓素琴，告民有终也，以节制者也。**"意思是说，如果父母亡故，3天后可以喝粥，3个月后可以洗头，周年以后就可以改戴练冠，虽然极其悲伤，身体非常羸弱，但也不至于危及性命，这体现了不因死者而伤害生者的道理。丧期最长也不超过3年，丧服破了也不再补，坟头不再添土，到了大祥

---

① 邱鸿钟.艺术心理评估与绘画治疗.广州：广东高等教育出版社，2014：161.

就可以弹奏素琴。凡此种种,是要告诉人们哀伤是有限度的,要有所节制。对于亲人的亡故,固然要表达哀伤,但不应无节制地哀恸以致伤身,而是要尽心、适度、合礼,否则就是"过头"了。当然现在生活节奏加快,守丧3年等礼制早已经不符合现代社会,但以七数为单元的纪念活动在民间还广泛存在。这样的传统习俗仍然具有对哀伤心理的疏导功用。有研究发现,在丧失亲人的哀伤初期,与美国人相比,中国人有较强的暂时哀伤以及较差的健康报告,但是18个月以后,中国人的痛苦感和自我报告健康情况要好于美国人。

另外,很多的礼仪带有帮助人们通过心理成长的阈限,进入下一个成长期的象征作用,坎贝尔将之统称为"通过仪式",如出生礼、命名礼、成年礼、婚礼、葬礼等,"它们通常有着严格的分隔仪式,从那时起要与过去的态度、情感和生活方式彻底一刀两断"[1]。不管这些礼仪的形式、规模如何,至少应该是比较正式和郑重的。

现在有一些礼仪变得恶搞化和恶俗化,往往变成一场闹剧,其实已经失去了礼仪本身具有的象征意义了。而另外一些仪式则由于不受重视而渐渐被人所遗忘,如成年礼,在中国古时称之为"冠礼"和"笄礼",曾经是比较重要的礼制。男子行"冠礼",女子行"笄礼",是对其"成年"的认可,标志着"成人"阶段的开始,意味着开始享有"成年人"的权利,并对婚姻、家庭和社会尽自己的义务和责任,有助于青年人更顺利地融入社会。比较明智的家长会比较注意这方面的事情,比如在孩子18岁生日时进行一些小的庆祝仪式,赠送具有象征意义的小礼物,郑重地进行嘱托之类,通过这

---

[1] 约瑟夫·坎贝尔.千面英雄.黄珏苹,译.杭州:浙江人民出版社,2016:6.

些仪式化行为，使孩子的内在得到转化，完成进入社会的心理准备过程。

人在各个生理阶段，都会有相应的心理需求产生，如果我们能够适当地进行一些小仪式，会有助于克服在此阶段所出现的心理障碍，满足内在的需要。当然，无论是什么礼仪，其核心还是在于"顺人情"，必须是有内在的情感支撑，才是真正的礼。故而孔子有云，"**礼云礼云，玉帛云乎哉？乐云乐云，钟鼓云乎哉？**"礼呀，仅仅是供玉献帛吗？乐呀，仅仅是敲钟打鼓吗？

> **练习：曼陀罗绘画**
>
> 曼陀罗原是一种花的名字，其梵文本义为"本质成就"，在藏传佛教中意味着心灵高度的和谐与圆满。佛教徒以曼陀罗花为原型，构建了佛教的坛城，并将其绘制成图画，成为佛教当中的一种独特绘画形式。分析心理学大师荣格在自己遭遇精神危机时，选择通过绘制曼陀罗来进行自我疗愈，并取得了成功。其后，他将这个方法教给他的来访者，也取得了很好的疗效。于是，曼陀罗绘画成为分析心理学重要的心理治疗技术之一，并得到越来越多的心理治疗师的应用。
>
> 分析心理学认为，曼陀罗绘画可以通过结构性的意象，表达内心的情绪和无意识的原型，强化绘画者内在的秩序感，特别是在圆圈内绘画，强调圆心的中心位置和外围的结界的做法，可以启动无意识的自性原型，从而实现自我的内在转化。
>
> 曼陀罗绘画可购买现成的模板进行填画，也可不用模板，自己制作一个圆形的纸，按自己的意愿在其中随意绘制。在进行曼陀罗绘画之前，最好能够使自己安静下来，与第三章的静坐练习一样，先要创造一个不被打扰的环境，然后通过观察呼吸或聚焦

身体感受来使自己宁静下来，做到心神专一。如果你不喜欢静坐，也可以通过听听音乐、做做瑜伽或放松操等，使自己从现实生活中抽离出来，以准备进入内在的自我探索旅程。

绘制时，要在曼陀罗的大圆中绘画，你可以根据自己的心情随意涂鸦，也可以有目的地运用具体形象来表达内心的故事或想法，比如画一画自己的愿望，画一画自己的梦，画一画自己开心或不开心的情景，或者画画自己的"心情的天气""感情的色彩"等。尽量用象征性的意象，避免使用文字或符号。尝试使用各种不同的绘画工具，甚至直接用手进行绘制，总之让自己能够自由地进行表达就好。

要注意的是，曼陀罗绘画并不是在进行艺术创作，它没有好坏、对错之分，所以在绘画过程中不要在意技法之类的问题，更不要存在自我批评的想法。要手随心动，真实地表达自己内心的感受，始终保持一种求知探索的心态，让无意识自然地涌现。

当绘制完成后，不要着急结束，要静静地欣赏一下自己的作品，感受一下，此时有没有新的体会升起，尝试着询问一下自己：这幅作品带给自己怎样的心情，让自己回忆起了什么，有没有产生什么联想，或让自己领悟到了什么等。如果愿意，可以把这些感受和体会记录下来，并给自己的作品起一个合适的名字，记录下绘制的时间。

绘制曼陀罗可以是偶尔随意为之，也可以长期连续地去做。长久地、反复地进行曼陀罗绘制，有助于我们与潜意识进行深入的对话和沟通，有利于整合心灵中的各种力量，从而实现自我与自性的相融，达到内在和外在的和谐与统一。

第八章
推己及人,居仁之乐

谁省吾心即是仁,荷他先哲为人深。

分明说了犹疑在,更问如何是本心。

——杨简《偶成》

如果要改善一个人情绪状态,增加积极情绪,最重要的因素是什么?回答是:良好的人际关系。这是众多的心理学家都会给出的一个共同答案。艾德·迪纳和马丁·塞利格曼对比研究了一些"非常快乐的人"和"不快乐的人",在外在因素中,唯一能够区分这两种人的,就是他们是否具有广泛而令人满意的人际关系[1]。大多数人在生活中遇到困难时,多半是由于人际关系的冲突或丧失,这也是患者接受心理治疗的最主要原因之一[2]。心理学家乔纳森·海特也说:如果你想预测一个人有多幸福,或是可以活多久,你应该了解其人际关系。儒学最显著的特色就是对人际关系和社会秩序的强调,经过千年的发展,儒学为个体自我与集体自我的整合,提供了一种重

---

[1] 泰勒·本-沙哈尔.幸福的方法.汪冰,刘骏杰,译.北京:中信出版社,2013:108.
[2] 克里斯托弗·彼得森.积极心理学.徐红,译.北京:群言出版社,2010:189.

要的范式。

亲其所亲

儒家思想当中最重要的是家庭伦理,并由家庭伦理推及社会伦理。如《礼记·大传》说:"**亲亲也,尊尊也,长长也。**"每个人能亲近其亲人,尊重比自己年长的人,那么无论是家庭还是社会都会比较和睦有秩序。《礼记·礼运》所说的"**父慈,子孝,兄良,弟悌,夫义,妇听,长惠,幼顺,君仁,臣忠。**"这就是一个由家庭关系,逐步推广到整个社会人际关系的路线图。

这些儒家的传统伦理,本来都是很自然很好的事,本来用不着多谈。但在历史发展过程中,出现了一些偏差,矫枉过正,形成了一些使后人诟病的事,这就不免还得啰唆几句。以孝亲为例,我们知道在二十四孝当中有很多就是愚孝,比如"郭巨埋儿"的故事。郭巨因为家贫,又要赡养母亲,又要喂养孩子,饭就不够吃的,于是就想把儿子活埋,以便省下来食物供养母亲。这种故事显然是有违于儒学的原旨,儒学在关系当中最注重互动并举,如在父子关系当中,强调的是父慈子孝。一个好的家庭关系都应该有好的互动。但像郭巨埋儿这种情况,郭巨强调了一个做儿子的孝,却根本没有作为父亲的慈,实际上是泯灭了天性。

很多人把孝亲看作是绝对的服从和顺从,但孔子本人却对此有更清楚的认识。据《孔子家语》记载,有一次曾点和儿子曾参在地里锄草,曾参不小心锄断了一根瓜苗,曾点非常生气,举起一根大木杖就打。曾参被木杖击中,倒在地上,很久才苏醒过来,醒来后他先去安慰父亲,又到另一个房间里,操琴弦歌起来,好让父亲知道自己虽然被打,但没什么事,也没有抱怨。孔子听到这件事情后,就吩咐弟子将曾参找来，对他说："你听说过吗？大舜对父母也很恭敬孝顺，总是在他的父亲瞽叟身边服侍。瞽叟因为听信后妻的谗言要杀舜，舜总是躲开了。瞽叟用小木杖打时，舜就不避开。而用大木杖时，舜就避开。今天你却不躲开你父亲的暴怒举动，万一被你父亲打死了，岂不是反陷你父亲于不义。这难道是孝顺吗？"从孔子对曾参的教导来看，无论是怎样的深情厚意，总是要从实际出发，既要照顾好自己，也要照顾好对方，照顾好自己其实也正是为对方负责，并不是逆来顺受就一定是好的。

当然也不是说你对我如何，我便还你如何，那就变成交易了。从根本上来说，是要出自天性真诚的一面。《菜根谭》中说："**父慈子孝，兄友弟恭，纵做到极处，俱是合当如此，着不得一毫感激的念头。如施者任德，受者怀恩，便是路人，便成市道矣。**"意思是说，父母对子女慈爱，子女对父母孝顺，兄姐对弟妹的爱护，弟妹对兄姐的尊敬等，这完全是出于人类与生俱来的天性，彼此之间不需要存在一点点有所感激的想法。假如父母养育女子，兄姐友爱弟妹，都怀着施恩图报的想法；子女对父母的孝顺，弟妹对兄姐的尊敬，也都怀着感恩图报的心理，那么骨肉至亲就跟路上的陌生人没什么区别，而且也把本来就是出自真诚天性的亲情，变成了一种市井交易。

如果家人之间待之以诚，自然就没间隔障碍了。事实上亲情本来是最自然的，很少有哪个父母不爱自己的孩子，那是夫妻感情的结晶，是含辛茹苦的养育，并寄托了对未来的希望。而孩子对于父母，则是天然依恋的关系。孩子从生下来，首先认识的是自己的父母，根据依恋理论，刚出生的孩子还保持着与母亲一体的感受，也就是共生的关系，然后在成长的过程，孩子也是以父母的喜怒为喜怒，以父母的哀乐为哀乐，直到逐步产生自我意识。孩子对父母的情感反映，往往也正是从自己的父母那里习得的。所以，如果父母以自己的天性真诚爱护自己的孩子，那么，这个孩子也将会用真诚的天性回馈自己的父母。

之所以会出现很多不好的亲子关系，是在天性流露之外，父母夹杂了太多的习气。有时是父母自己从小过着物质匮乏的生活，就有一种补偿心理，将之过多投射在孩子身上，造成过度关注和物质堆砌；有时是源自社会环境的影响，觉得父母要保持权威或面子，信奉所谓的棍棒教育，出现所谓的狼爸虎妈；有时是自己对未来充满不安全感，于是通过给予或剥夺自己孩子，来获得心理的补偿；更多的是来自父母原生家庭的影响，自己父母就是对自己这样养育的，即使是错误的也不自知，仍然将错就错地养育自己的子女。实际上，在养育上有一些问题的父母，往往是首先自己在心理上存在缺失。

俗语说"树大自然直"，我们相信，小树苗如果按照正常发展，会自然直立生长，因为这是它的天性。但有时候环境并不允许它自然发展，风霜雨雪的摧折有可能改变它生长的方向。父母的作用应该是提前帮助他避免无谓的摧折，提前消灭虫害等，而不是先用个棍子把它绑起来。捆绑的结果是，它可能不会弯曲，但它失去的是自我成长的动力和乐趣。当然，过度的保护也不好，因为害怕风雨的摧折，然后就先替它搭个大棚，把它罩起来，这样虽然是安全了，但也会因为缺少雨露和阳光而限制了它的成长。所以在养育中，也需要中道而行。

心理学家发现家庭中通常有3种教养方式，一种是独裁型，就是要求孩子绝对服从，限制孩子的独立自主，不允许孩子参与做决定。一种是纵容型，只对孩子进行较少的控制，但给予的指导也很少。还有一种是权威型，提倡独立自主，凡事通过与孩子进行协商解决，即使有所限制，也必定说明理由。不同类型的教育方式会对儿童今后的社会性发展起到关键的影响。独裁型教育培养的孩子往往不快乐、有依赖性和服从性的特点。纵容型教养的孩子较外向，但不成熟、缺乏耐心和富有攻击性。而权威型教养的孩子则比较独立，乐于与人合作。三种教养方式下成长的孩子，在成年后社会生活中的状况，我们也就可想而知了。

在心理学中还有一个提法，叫"60分妈妈"，就是说父母对孩子的需求应该是有节制的，也要有点中庸之道。你对孩子的愿望和需求不闻不问，什么都不做，那样就太冷漠；也不能什么都要包办，百分之百的满足，那样孩子会产生自大和依赖的心理。这样说似乎有些困难，其实作为父母，重要的是先要做好自己，然后保持真诚。有心理学家总结说，养育的技巧方法并不重要，父母自身的人格才是最重要的。如果父母依照自己的天性去做好自己，然后真诚地照顾自己的孩子，那必然不会有什么太大的偏差，即使有偏颇之处，也会因为父母的真诚而使孩子采取正向的选择。心理学家比昂形容父母应该像一个容器，不过度地干预孩子，但又能够接纳和抱持孩子的各种问题，当孩子有不良的情绪指向父母时，父母只需要用平和的态度加以回应，那么在这个过程中，孩子就会慢慢习得这种平和的态度，以及父母接人待物的处事方法。

只要父母展现出来的是健全的人格和良好的习惯，那么孩子所习得的，也必然是相同的东西。但如果为教育而教育，不顾天性自然，那么往往会适得其反。比如近年比较盛行集体给父母洗脚之类的事情，我们不能否认这种事情对传统美德的宣传作用，但是我也认为这无益于孩子的人格成长。因为孝是孩子对父母的天然情感，是在需要的时候做恰当的事，是自然而然显露出来的情感。如果孩子要给父母洗脚，首先是父母需要孩子洗，然后孩子有意愿洗，双方都很自然的事情。但一大堆人集中起一块，不管当事人愿意不愿意，全要一起洗，这就成了作秀表演，不是在尽孝，是在表演孝。孝道贵在天性流露，而不在于做什么。集体洗脚这种事，却反其道而行之，重在形式，而罔顾自然天性，正因为表演，反而与天性隔了一层。

当然，我也明白这样做所存在的无奈。因为在传统中，父母对孩子、孩子对父母都有一套约定俗成的礼制，所谓发乎情，又止乎礼。而现在则没有这样的东西可以让父母和孩子自然表达，就像台湾学者傅佩荣说，现在韩国还保留着跪拜父母的习俗，时间久了回家可以自然地跪拜表达情感，但中国已经废除了，所以他有时间回家看到父母，也不知道该如何恰当地表达自己的情感。中国人总体来说比较含蓄，情感内敛，无论是父母对孩子，或孩子对父母，情感表达上也许是需要我们主动去做些什么。现在硬要去恢复传统的礼制其实也没有必要，而统一洗脚之类似乎也不合适，这确实有些尴尬，但所谓亲情还是贵在天性流露，不应该刻意去做什么。子夏曾经问孔子什么是"孝"，孔子回答说"**色难**"，意思是说，孝敬父母最难的是保持和颜悦色。如果仅仅是父母有了事情，儿女替着去做，有了酒饭，请长辈先吃，这还不算真正的孝，对待父母真心实意才是最得要的，表面文章有一些也可以，还是以内在情感为主体。正如古人所说："**孝子之有深爱者必有和气，有和气者必有愉色，有愉色者必有婉容。**"

尽管古代的很多礼仪已经不适应现代的生活，但一些家庭的小仪式对家庭成员还是有比较重要的心理意义。如过生日会、庆祝会等，也可以是吃饭、睡前的小常规等，这些仪式可以为家庭成员间的交往传递明确的意义，对家庭成员具有一定的保护性，可以帮助孩子建立自尊、自爱等品质①。我们其实可以不必非要复原传统的礼制，完全可以有一些创造性的仪式。我相信，如果家庭中人人相待以诚，慢慢我们自然会知道应该怎么做了。

孔子的婚恋观

在家庭关系当中，还有很重要一层关系，即夫妻关系。在这一点上，也是儒家被后世诟病的主要问题之一。以前所谓"礼教吃人"，最主要的也就是指对妇女的戕害。所谓的三从四德、从一而终等，无一不是对人性的压抑和摧残。但问题是这一切都是后世儒法合流，加上男权社会的积毒所致，跟儒家原初的思想关系似乎并不大，跟孔子本人也更加风马牛不相及。

在《论语》当中，孔子本人确实很少谈到这方面问题，只是在一些对话中可以侧面地了解孔子对婚姻的重视。比如他对自己儿子孔鲤说："你研读《诗经》中的《周南》和《召南》了吗？人要是不研读《周南》和《召南》，就好像面对墙壁站着一样，不能有进步了。"《周南》和《召南》是《诗经》中记载的两个地方民歌的结集，为什么孔子会这么重视呢。前人大多认为，《诗经》中《周南》和《召南》歌颂男女之事最多，上古礼制，"夫妇"为首，是人伦之始，也是所谓王化之始，其次才是"父子""君臣"，这与《周易》以乾坤二卦开始是一个道理。因此，孔子让儿子研读《周南》和《召南》，其用意是在强调要重视夫妇之道。

《孔子家语·大婚解》记载，鲁哀公问孔子如何处理政事。孔子告诉他说，做到夫妇之间讲尊重，男女之间讲亲情，君臣之间讲信

---

① 任俊. 积极心理学. 上海：上海教育出版社，2006：299.

义,这三件事做好了,那么其他的许多事就可以做好了。接下来又补充说,古人治理政事,爱人最为重要;要做到爱人,礼仪最重要;要施行礼仪,恭敬最为重要;恭敬的事,婚姻最为重要。结婚的时候,天子诸侯要穿上冕服亲自去迎接新娘。亲自迎接,是表示敬慕的感情。所以君子要用敬慕的感情和她相亲相爱。如果没有敬意,就是遗弃了相爱的感情。不亲不敬,双方就不能互相尊重。爱与敬,这是治国的根本!从这段话我们可以看出孔子对待婚姻的基本态度,就是夫妇之间应该相敬相亲,相互尊重,这不仅是对自己的要求,更是实行仁政爱人的具体体现。

那么孔子自己的婚姻又怎么样呢?现在有两种说法,一是孔子的妻子亓官氏,与他情感甚笃,在孔子67岁的时候去世了。另一种说法是唐代孔颖达《礼记》正义中说:"时伯鱼母出,父在"。伯鱼就是孔子的儿子孔鲤,"出"的意思是休妻离婚。从这个记载的意思来看,亓官氏在孔子还活着时候就被"出"了,而离婚原因也无从知道,但想来不会是无缘无故的。《孔子家语》中有对妻子"七出三不去"的规定,就是要休妻离婚是有严格的规定,对于注重礼仪的孔子来说,如果真是"出妻"也必然有其原因。

无论以上哪个说法是真实的,都可以看出早期儒家对于婚姻的基本态度,就是在一起时相亲相敬,如果不合,依礼制可离婚。可见那时对再嫁也是相当宽容,并没有后来那么多的限制。根据记载,孔鲤的妻子,也就是孔子的儿媳妇,是在孔鲤去世之后就改嫁他人了,而当时孔子还在世。可见孔子对待婚姻的态度是极为开明的,并不像后世有那么多迂腐的观念。

不过,对于讲求爱人,讲求亲情的孔子,在《论语》当中极少有谈论夫妻之爱,对于孔子夫人记载也非常少,这是个奇怪的现象,也是应当探讨的。尽管孔子本身没有对爱情的有任何直接表达，但他编修并大力倡导的《诗经》，却存在许多男女之爱的描写，为古今痴男怨女寄托了无尽的相思与情愫。与此同时，他也说过"**唯女子与小人难养也，远之则怨，近之则不逊**"这样得罪"半边天"的话。综合来看，我们能在某种程度上了解孔子在男女问题上的态度，也就是，要亲敬如宾，而不要过于狎昵，既不压抑，但也不提倡，重在以礼疏导，使之发乎情，止乎礼，然后慢慢转化为亲情。

对孔子来说，夫妻关系的重要性来源于对家庭和睦、家族长久的需要，这一点显然是父系社会的环境使然。这对于我们重视爱情的现代社会来说，有些不合情理，这是时代变化的结果，因此，孔子对爱情和婚姻的态度，并不能为我们提供更多可靠的借鉴。然而，现代社会对于爱情的过度赞美也有其弊端。根据心理学的研究，男女间的爱情可以分为两种，一种叫作激情，一种叫作温情，这两者是独立运作的过程，激活的脑区也不相同，并且时程也不一致。激情"是一种狂野的情感状态，其中充满温柔与性欲、愉悦与痛苦、焦躁与释放、强烈忌妒心，为对方不惜牺牲自己，是种五味杂陈的感情"。而温情是"一种我们对自己的生活紧紧纠结在一起产生的感情"。激情一旦产生，就会无比的热烈，并在短短的几天之内达到最高点，但激情不会一直持续，在几周和几个月后会慢慢冷却，甚至突然冷却，而温情通常开始很微弱，永远不会像激情那样浓烈，但温情却会慢慢地增强，并持续一生。最理想的状况是在激情退却之后，温情慢慢地建立起来。

乔纳森·海特形容激情就像是毒品一样，因为它表现的状态，跟海洛因和可卡因所引起症状有部分相同。极度的愉悦会刺激脑中多巴胺的分泌，如同海洛因和可卡因会增加脑中多巴胺的浓度一样，引起人的亢奋，甚至上瘾。但大脑会对多巴胺的长期累积产生反应，发展出抗多巴胺的神经化学反应，让大脑恢复平衡，因此没有什么激情可以让大脑一直亢奋，于是当激情不再的时候，大脑又会再失去平衡，人会像戒断反应一样痛苦不堪、沮丧绝望[1]。而温情之爱则会促进催产素的分泌，维持更深厚的依恋感与信任感。

当前社会似乎有一种过分强调爱情，把爱情描绘得尽善尽美，似乎只有拥有了刻骨铭心、海枯石烂的爱情才是幸福人生的论调，但这其实是非常不现实的，盲目抬高了青年人对爱情婚姻的期望值，拉低了对现实拥有的幸福感。同时，由于商业利益的驱动，电影广告等媒体过分渲染性欲的愉悦和重要，更加引起公众心态的失衡。由于过度强调情欲肉体的欢愉，人人都以此为最乐，于是这成为有钱人或富二代炫耀的资本，成为网红吸引眼球的手段，而普通大众则成为天然的看客，这无疑是当代社会公众心态失衡的最佳写照。孔子曾感叹"吾未见好德如好色者"，男女欢爱不用怎么倡导就往往会激情过头，而一些对人类有助益的品德，再怎么努力倡导，还是往往做得不够。因此，孔子对男女之爱不作过度渲染，大概也是担心对人心的平衡产生过多的妨害。

当然，在这里并不是要否定热烈的爱情，我们永远相信世上有真爱，并且值得去用心追求，而且爱情在提高积极情绪方面，也有着非常有益的作用。在这里，我们将2000多年前孔子的思想和现代心理学的研究结果相印证，只是为了让我们在面临激情和温情的时候，更好地知道自己真正的需要是什么，做出更加符合幸福的选择，而不要陷入不切实际的幻想和迷思当中。

---

[1] 乔纳森·海特. 象与骑象人. 李静瑶，译. 杭州：浙江人民出版社，2012：142.

推己及人的人际关系法

推己及人是儒家处理人际关系的重要原则，并且首先是从家庭伦理开始，逐步推衍到社会伦理。有子说："**其为人也孝悌，而好犯上者，鲜矣；不好犯上，而好作乱者，未之有也。君子务本，本立而道生。孝悌也者，其为仁之本与。**"这句话的意思是，如果为人孝顺父母，顺从兄长，却喜好触犯上级的，这样的情况是很少见的。不喜好触犯上级，却喜好捣乱造反的人，这是没有的。君子专心致力于根本，根本建立了，做人的道理原则也就有了。所以说孝顺父母和顺从兄长，这是仁的根本。这里面，有子强调社会关系中的基本道德情感是从"孝悌"中提升出来的，是道德的"根本"。"孝悌"本来是以亲情为基础形成的自然情感，当把这种情感推向社会的道德情感时，使普通的人际关系变得更感性，更有人情味，为社会关系提供了自然情感的依托。

马斯洛在研究超越性人格时发现，当一个人开始被教导其要爱他人时，大多数人都很难有什么深刻的体会，但如果让他从体会自己对父母子女的爱开始时，就容易得多。而当他有了这样的体会时，他就已经超越生物性的自我，而是包容了自己的父母和孩子的更大的自我，单纯的自私已经被超越。如果进而将这种包容性扩展，就会延伸到家族、朋友、乡亲、国家、天下。随着包容性的扩大，人的自我就能容纳更多的"非我"的人和事物，就会由"小我"慢慢变成为"大我"。这就是孟子说的"**老吾老，以及人之老；幼吾幼，以及人之幼**"的道理所在，这就是一个推己及人的过程。

在社会生活当中，一个人会形成某种特定的人际认知原则，这是一个人交往风格的集中体现，它对个人的人际关系水平有着巨大的影响。基督教有一个著名的人际关系黄金原则："无论何事,你们想要人怎样待你们,你们也要怎样待人"(《圣经·马太福音》),这可以说就是一种推己及人的人际关系原则。这个原则被艾利斯引入他的合理情绪疗法当中,他让来访者体会"像你希望别人如何对待你那样去对待别人"这句话,并以此对照自己在人际关系中的想法和行为,促使来访者发现自己不合理的认知方式,从而有效地改变对他人和环境的看法,解决因为不合理信念造成的负面情绪,进而改善人际关系。而在儒学当中,也有一句类似的话,那就是"**己所不欲,勿施于人。**"这种推己及人的人际关系原则再概括一点说,就是"忠恕"。

"忠恕"之道在儒学伦理中占有十分重要的位置,也可以说是儒家非常重要的人际认知原则。如子贡问孔子,有没有一句话可以终身奉行?孔子的回答就是"**恕**"。曾子也说:"**夫子之道,忠恕而已矣。**"朱熹对忠恕的解释是:"**尽己之谓忠,推己之谓恕。**"尽己所能,以诚待人是"忠",而推己及人则是"恕"。曾子每天都要自我反省"**为人谋而不忠乎**",这里的"忠"就是指尽己之力为人谋事的意思。"恕"就是"如心为恕",跟别人交往要将心比心,要替别人着想。后来的学者一般都认为"忠恕"就是"推己及人"的过程,比如冯友兰说:"忠恕皆是推己及人。忠是就推己及人的积极方面说,恕是就推己及人的消极方面说。"忠和恕都是以个人自己的心理状态,推测、判断别人心理并进行反应的过程,忠就是将心比心地积极主动地为别人做事,恕就是将心比心地允许别人做事。

除了"**忠恕**""**推己及人**""**己所不欲,勿施于人**"之外,儒家还有很多重要的人际认知原则。如"**己欲立而立人,己欲达而达人。**"自己要立足,也让别人立足,自己要通达,也让别人通达;如"**老**

吾老，以及人之老；幼吾幼，以及人之幼"，用对待自己的孩子和前辈的方式，去对待别人的孩子和前辈。尽管《论语》在很长的一段历史时期被简单理解成了道德教条，但仍然能够使人闻之有所悟，行之有效，这和其中包含着很多合理的认知方式和原则是有很大关系的。

仁者爱人

如果用一个字来概括儒学的核心思想，"仁"应该是当之无愧的。孔子说仁即"爱人"，孟子说："仁者爱人"，而仁爱之心是儒家做人基本准则，也是处理人际关系的基本原则。人与人之间的互尊互让、互助互惠，再以礼作为交往规范，有利于实现人与人之间的理解与信任，使人际关系达到和谐亲密的理想状态，从而构成"和为贵"的关系系统。美国积极心理学家克里斯托弗·彼得森在他的著作《积极心理学》当中的"良好的社会"一节，用较大篇幅介绍了孔子关于美好社会的观点，如尊敬父母、热爱他人、做正确的事而不是做有利的事、互惠等，认为这是孔子贡献给世界的宝贵精神财富[1]。

良好的社会关系对人的心理健康有非常积极的帮助，是让自我保持良好心理状态的一个客观因素和重要的支持力量。要特别说明的是，"仁"并不是僵化的道德教条，而是一种自然的情感。仁者爱人，从形式上看是一种对外的付出，但从更深层的心理层面考虑，其实是一种内在的心理满足或心灵的成长。有人

---

[1] 克里斯托弗·彼得森.积极心理学.徐红，译.北京：群言出版社，2010：210.

说，与人交往其实是跟自己的内心交往，那个志同道合的朋友就是你自己，这句话确实很有道理。"**有朋自远方来，不亦乐乎**"，志同道合的朋友互诉衷肠，不仅是快乐的事，也是对自己有所增益的事。

儒家非常注重"群"的概念，甚至可以在一定程度牺牲自我的利益，以保存群体的利益。孔子说君子"**群而不党**"，合群但不结党营私。从家庭到家族，再到社会，儒家都比较重视个人价值在群体价值中体现，主张个人的发展和完善，要与社会、群体的发展和完善结合起来，即修身、齐家、治国是一以贯之的。而且家庭是社会的基础结构，也是国家的基本单位。有了家庭的和睦，才能有社会的和谐，国家的长治久安。反过来，也只有国家安定、社会稳定，个人的生活才会有幸福的基础。

从人的群体性来看，长期的史前人类生活决定了家庭部落是每个人生存的必要保障，一定要加以维护，甚至不惜牺牲自己的生命以保证群体的生存。正如荀子说："**人之生，不能无群，离居不相待则穷。**"

从生物进化的角度看，人类这种群体性并非是偶然的产物，而是进化的一个合理选择。因为在动物界，一直就存在着群体性超强的生物，从蚁类、蜜蜂、黄蜂的进化，到无毛鼹鼠的进化，再到灵长类动物的进化，自然界一直都存在着群体性生物的进化链条。人类社会有可能在进化的过程，发展了这种与群体共存的基因，这就表现为对社群生活的信赖与共融。群体性超强的物种，其共同特征就是，以基因为导向、为了家族的生存愿意牺牲自我。这也在某种意义上说明，儒家从家庭伦理推至社会伦理的人际交往方式，是有一定生物学基础的。

现代心理学的研究也证实，关心他人者要比接受帮助者获益更大,"与人为善者"幸福指数往往比较高[①]。心理学家皮列文和苏珊·安德森指出:"大量研究结果显示,投身于社区服务计划,投身于以学校为基础的'帮助他人学习'或辅导儿童等活动的年轻人,都发展了社会技能和积极的社会价值观,这些年轻人明显地更少面临犯罪、早孕、辍学等问题,更可能成为良好公民。志愿者行动也同样有益于提升人们的精神状态和健康状况。丧失配偶的人在帮助他人之后,会更快地从打击中恢复。总之,人们做了好事之后,都会表现得更好。"[②] 这也说明了为什么人类社会越进步,就会有越多的人愿意投入慈善事业。

乔纳森·海特研究认为,人在从事一些利他的行为时,会产生一种"提升感",这种提升感更像是一种所谓"大爱"的感觉,大约相当于儒家"仁",或者是佛教的"慈悲",或者是基督的"博爱"。实验表明,产生提升感可以促使人分泌催产素,从而让人产生爱与亲密感,心情也会变得温和愉悦。

孔子的仁爱就更高的层面来说,已经超越了社会关系,进入更广阔的范畴。是从对自己的爱,推广到对家人的爱,推广到对他人的爱,再推广到所有人,于是**"四海之内皆兄弟也"**,进而推广到天地万物,于是**"仁者以天地万物为一体"**。在宗教中,往往把这种提升感归之于上帝,归之于神,而儒家则是**"维天之命,于穆不已"**,将之归之于天,归之于浩瀚无际的宇宙洪流。当人的这种内在情感得到抒发,自然心灵会更愉快,身体也更健康,故而孔子总结说"仁者不忧""仁者寿"。

---

① 索尼娅·柳博米尔斯基. 幸福的神话. 黄钰苹,译. 杭州:浙江人民出版社,2013:146.
② 戴维·迈尔斯. 社会心理学. 侯玉波,等,译. 北京:人民邮电出版社,2016:436.

不要做乡愿

当然提倡"仁"也不是无原则地做老好人,做好好先生,这种无原则的老好人孔子称之为"乡愿"。就是见什么人说什么话,没有原则,没有主见,看似善良,其实是作伪。子贡曾经问孔子,一个人如果全村的人都喜欢他,怎么样?孔子说不行。子贡又问,那全村的人都厌恶他,怎么样?孔子说也不行,不如村里的好人喜欢他,坏人厌恶他。因此,孔子所谓的"仁",是要有仁的主观认知,而不是随大流、和稀泥,孔子最恨的人是乡愿,认为乡愿是"德之贼"。

实际上,人在社会上也不可能让谁都满意,人际关系好不是要勉强求好,不是以曲意奉承的顺从来获得。孔子说:"**君子和而不同,小人同而不和**。"人际关系上虽然追求的是和为贵,但不是人云亦云,没有是非,还是要有自己独立的人格和见解。如孔子说:"**唯仁者能好人,能恶人**",意思是说,只有仁爱的人才能喜欢人,憎恶人,能做到爱憎分明。《论语》上记载,有一回孔子和子贡师徒二人在一起交流思想。子贡问:"君子也有憎恶的人吗?"孔子说:"有。憎恶讲别人坏话的人,憎恶自己下流却毁谤向上的人,憎恶勇敢而不懂礼制的人,憎恶专断而执拗的人。"孔子也问:"子贡呀,你也有憎恶的人吗?"子贡说:"我憎恶抄袭别人而冒称自己聪明的人,憎恶不谦逊而冒称勇敢的人,憎恶揭人阴私而冒称直爽的人。"所以孔子这样的圣人,和子贡这样的贤人,也不是博爱泛滥的,也是有爱有憎的。

况且,一味地忍让和牺牲,有时并不一定得到良好的人际关系。美国学者罗伯特·阿克塞尔罗德在《合作的进化》一书中,用严密地推论和事例证实,合作是生物不断进化的产物,并且是人类社会必然的发展方向。但在人际交往的过程中还是要遵循一定的规则,合作才会保持稳定乃至加强。其中首要的原则是"一报还一报",就是在最初合作时,首先应先给出合作的态度,然后在对方回应之后,再给予相应的态度。即如果对方合作,那么我也合作,于是合作就会建立;如果对方背叛,那么我也背叛,于是合作失败。通过背叛对方,使其受到惩罚,那么,也许在下一次对方给出合作的诚意,而我仍然报以合作的态度,合作会重新建立。当双方都保持合作的态度,并达成共识时,合作的关系就会越来越坚固。这其实正是孔子说的**"以德报德,以直报怨"**,以德报德是双方合作的建立,关系会非常稳定和友好。而以直报怨则是面对受侵害的行为,以公平公正的态度还报于对方,这样如果对方能够省悟,还是能够重新建立良好的关系,但如果对方不可救药,那么也就不必为之让步。这比"报怨以德"的老子思想,"舍身饲虎"的佛家思想,《圣经·马太福音》中"有人打你的右脸,连另一边也转过去由他打"的基督教思想等都更加理性,既不滥情纵容,也不过于算计,睚眦必报,完全是从现实出发,并且有利于促成社会关系的长久稳定。

同时,孔子也很清醒地认识到:**"好仁不好学,其蔽也愚。"**只喜欢做好事,却不学习了解社会规范和人情世故,免不了产生"愚笨"的弊病。有一次,宰予给孔子出了难题,说假如有一个仁德的人,告诉他井里掉了一个人,他会不会下去救呢?孔子回答说:"为什么会这样呢?这样做可以使他走过去察看,但不可能害他下井,你可以欺骗他,但你不可以愚弄他。"当好人没错,但当好人并不意味着要当傻瓜。你告诉我有人掉到井里了,我当然担心要去察看一下,却并不意味着连脑子都不用就钻到井里去。对待朋友也是如此,孔子说:**"忠告而善道之,不可则止,毋自辱焉。"**意思是说交朋友,要尽心尽力劝告和善意引导，但如果他就是不听，也就算了，不要自取其辱。

《合作的进化》一书，对如何促进合作的建立给出4条建议，除了"一报还一报"外，其他3条是：不嫉妒、不首先背叛、不耍小聪明。孔子曾赞扬子路"**不忮不求，何用不臧？**"不忮就是不嫉妒，这句话的意思是说：不嫉妒，不贪求，什么行为能不好呢？至于首先背叛，或是耍小聪明算计别人，对于重视"诚、信、直"的孔子来说，更是深恶痛绝的，这里就不必再赘述了。

练习：仁爱冥想

对于人际关系，我们通常是从道德秩序的层面进行考虑，但如果我们换一个角度，会发现，人与人之间的关系仍然折射着自我内在的关系，反映着个人内心的状态。即使是自认为独来独往的人，在心理结构上也不可避免存在着集体心理的烙印。

当代积极心理学在幸福感的提升和人际关系的改善方面，提供了很多的自我内在提升的练习，比如感恩、宽恕、善举等。这些练习你可以真正地跟现实生活中的人练习，也可以跟想象中的人练习。例如感恩的练习，你可想一想曾经帮助过你的、关心过你的人，然后真诚地写一封感谢信，你可以寄给他，甚至也可以当面念给他听，或者是打一个电话，很可能你会发现不仅对方会感到快乐，自己也很容易产生积极的情绪体验。当然，你也可以不用对现实的人去做，你可以只写信但不寄出去，也可以不写信，采取记日记的方式写下来，感恩日记可以不针对某个人，可以对任何你觉得需要感恩的事物。你可以感恩父母，也可以感恩天地，也可以感恩一朵花、一棵树、一滴水、一碗饭等。实验证明，定期地进行感恩练习的人，心态更好，幸福感更强，人际关系也更好。

另外，在心理学的正念疗法体系中，大都会有一个关于善意的练习，来源于佛家的慈心禅法。在心理学上有时被称为友善的正念、慈爱冥想，或者爱意觉知等。研究表明，慈心与爱意的冥想练习，确实有助于改善人的心理状态，有助于克服愤怒、攻击、仇视、暴力等破坏性的情绪状态。正所谓"心底无私天地宽"，自己的内心越宽广，越有容人之量，自己就越开朗。

爱意觉知的练习首先要选择一个安静的环境，开始可以参考第三章正念静坐的练习，从注意自己呼吸开始，然后专注于自己的身体，让身心沉淀下来。当然你也可以采用任何你觉得能够使自己安定的方法。

当你感觉可以了之后，你可以默念一些自己事先准备好的、自己感觉合适的语句，如：

愿我充满仁爱，

愿我远离精神痛苦，

愿我没有身体痛苦，

愿我能过得称心如意，

愿我幸福开心、健康快乐、没有烦恼……

借助于默念这些语句，对自己释放爱的信息。

要耐心地给身心时间，每默念一个句子时，要静静地体会当下的身心变化，无论是想法、感受、知觉或冲动等反应，都用心感受，但不必作出判断。

如果你感觉无法对自己释放善意时，可以观想一个过去或现在无条件爱你的，或依恋你的人或宠物。当你感受爱意升起后，你可以再将这种爱慢慢地释放到自己身上。

这种感觉因人而异，可能是温暖感、可能是清凉感、可能是振颤、可能是浑身起鸡皮疙瘩的感觉。无论是什么，总之是一种比较好的感觉，可以驻留在其中一段时间。

当你感觉希望继续向下进行时，你可以再回想一个你觉得可爱的人（最好不要选择异性或者可能会引发你的贪着欲望的人，更不要选择过世的人），也可以是某个温馨的画面。然后向这个人发送善意的祝福：

愿他/她充满仁爱，

愿他/她远离精神痛苦，

愿他/她没有身体痛苦，

愿他/她能过得称心如意，

愿他/她幸福开心、健康快乐、没有烦恼……

当你在内心中回想这个人，并向他发送善意祝福时，同样也要留心自己的意识和身体的变化。注意倾听，注意呼吸，不要阻止反应的发生。

当你做好了准备，希望继续练习时，可以再选择一个陌生人。一个你经常遇到的人，可以是在大街上、公共汽车上或其他什么地方经常遇到的人。虽然你不认识对方，也不了解他具体是做什么工作，家在哪里，但是你知道，他们和你一样是生活中平凡的人，有喜怒哀乐，希望生活过得更好一些，痛苦和烦恼更少一些。总之，你对他的感受是属于中性的。当你选择好了合适的人，你同样开始向其发送善意的祝福：

愿他/她充满仁爱，

愿他/她远离精神痛苦，

愿他/她没有身体痛苦，

愿他/她能过得称心如意，

愿他/她幸福开心、健康快乐、没有烦恼……

同样的，当你在内心中向他发送善意祝福时，还是要留心自己的意识和身体的变化。如果你希望进一步练习，并确实感到可以接受接下来的练习，你可以选择一个让你感到不快的人，无论是现在某个让你感到困扰的人，还是曾经在过去使你不舒服的人（刚开始练习时，尤其是没有人陪伴的情况下，不建议选择特别让你苦恼的人，更不要选择严重伤害过你的人）。选择好以后，有意识地让他进入你的意识，承认他曾给你带来过不快或苦恼，但你现在诚挚地祝福他：

愿他/她充满仁爱，

愿他/她远离精神痛苦，

愿他/她没有身体痛苦，

愿他/她能过得称心如意，

愿他/她幸福开心、健康快乐、没有烦恼……

在这个过程中，你仍然要认真倾听自己身体的感受。看是否可以在不压制或评判的前提下探索这些感受。同时，请记住，任何时候让你感到压力过大，或者被强烈感受和情绪笼罩时，可以重新注意呼吸，把注意力集中到当前的身体感受上来，善意地对待自己。

最后，将你的爱心和善意扩展到所有人，包括你爱的人、陌生人和让你不快的人，以及千千万万你不认识的人，乃至于世界上的所有生命，包括你自己！

愿所有众生获得幸福，

愿所有众生远离痛苦，

愿所有众生健康快乐……

反复默念这些话，让自己安住于这种充满仁慈友爱的感受中，保持一段时间。在练习即将结束时，重新注意自己的呼吸，感受身体在当下感受，清醒关注当前一刻，放松自己的意识。

以上的这些练习，你可以只选其中一两个进行练习，也可以全部进行练习，祝福的话语可以自拟，字数多少也不重要，最重要的是你真实的感受。要记住，善待自己是善待他人的基础，无论在练习当中经历到什么，都不要对自己产生评判和自责，要允许自己慢慢地成长。

第九章
天人合一，感通之乐

闲来无事不从容，睡觉东窗日已红。

万物静观皆自得，四时佳兴与人同。

道通天地有形外，思入风云变态中。

富贵不淫贫贱乐，男儿到此是豪雄。

——程颢《秋日》

中国人的最高理想是天人合一，这一点应该没有什么异议。作为群经之首的《易经》的产生，就是远古先民通过对天地自然的体察和感悟而来的。《易传·系辞》记载，古时候伏羲治理天下，他抬头观察天文气象，俯身观察地理形状，观察飞禽走兽的纹理，以及适宜在地上生长的草木，近的取法人的身体，远的取象各种物形，创作了八卦。八卦由三层短横所构成，象征着天地人三者之间关系。而整个易经也是由八卦演化而来，象征天地自然的万事万物。可以说《易经》奠定了天人合一的思想基础，也构成了其后中国思想的理论基调。如老子说："**人法地，地法天，天法道，道法自然**"；庄子说"**天地与我并生，而万物与我为一**"；墨子说："**既以天为法**"；孟子说"**上下与天地同流**"等。在这种思想背景下，天人合一的思想渗透到了中国人生活的方方面面，无论是医学与养生、艺术与美学、饮食作息、建筑园林乃至各种的礼俗文化,无不是如此。可以说天人合一是中国人真正的"安身立命之地"。

本书前面各章节所论尽管各有偏重,但其实无不是与此一脉相承的。甚至可以说,孔颜之乐也是融入天道过程中所产生的副产品。

天人合一的儒学解读

有人向王阳明请教《大学》,说:"以前人们将'大学'称之为'大人之学',这个'大人'是什么意思"?王阳明回答说:"所谓的'大人',就是把天地万物看成一个整体的人。他们把天下的人看成是一家人,把全体国人看作一个人。如果有人按照形体来区分你和我,那么这类人就是所谓的'小人'。大人能够把天地万物当作一个整体,并不是有意地去那样做,而是因为他们心中本来就是这样认为的,相应的,他们与天地万物也就真的成为一个整体。岂止是大人,就是小人的心也是这样的,只是他们自己把自己看作小人罢了。当人看到一个小孩儿要掉进井里时,就必然会升起害怕和同情的心理,这就是说他跟孩子是一体的。孩子还是属于自己的同类,当他看到飞禽和走兽发出哀鸣或恐惧颤抖时,也必然会产生不忍的心理,这就表明他跟飞禽和走兽是一体的。飞禽走兽还是有知觉的动物,当他看到花草树木被践踏和摧折时,也必然会产生怜悯体恤的心情,这就表明他跟花草树木是一体的。花草树木还是有生机的,当他看到砖瓦石板被摔坏或砸碎时,也必然会产生惋惜的心情,这就是说他跟砖瓦石板也是一体的。这种德性根植于人的天性,它是自然光明存在的,所以被称作'明德'。也就是说,小人之所以为小人,是因为他与自己天性阻隔,也将自己与天地自然阻隔了。而大人之所以为大人,是因为没什么偏私,很开放地与天地自然交互,将自己的生命之流融入宇宙之流。"

"天人合一""廓然大公""浑然与物同体""上下与天地同流""仁者以天地万物为一体"可以说是传统儒家所追求的最高人生境界，是历代儒者的共识。现代新儒家冯友兰在全面总结传统儒学的基础上，将人生分为4种境界，即：自然境界、功利境界、道德境界以及天地境界。天地境界就是天人合一的境界，就是圣人的境界。

在冯友兰看来，达到天地境界的人并不是有了什么神通，所谓的圣贤也不是要与普通人做些什么不同的事情。只是，虽然做相同的事情，其中的意味却不同。因为天地境界的人在做普通的事情当中，能够看到超越其自身的意义。所谓"洒扫应对，可以尽性至命"。普通人洒扫应对只是洒扫应对，但天地境界的人在洒扫应对当中，却可以体悟到天道流行。同样是做事，自然境界的人是为了做事而做事，功利境界的人是为了自我利益而做事，道德境界的人是为了他人利益而做事，天地境界的人是为了顺天尽性而做事[1]。境界越高的人，其所享受的世界越宽广，这是境界低的人所不能看到的。

蒙培元认为，对天地境界的追求，具有两方面的意义。一方面是超伦理的美学境界；另一方面是超社会的宗教精神。就美学意义来说，天地境界也就是"乐天"的境界，是一种非常高的精神愉快。就宗教意义来说，天地境界就是"事天"境界，具有宗教实践的意义，是一种非常崇高的精神情感[2]。天地境界当中并没有类似宗教的崇拜和信仰，也不是有一个外在的主宰，而是人通过深刻地觉悟，自我成为主宰，即"为天地立心"。通过与宇宙同流，达到有限与无限、瞬间与永恒合一的精神境界，于是人在宇宙中不再孤独，不再

---

[1] 冯友兰.贞元六书.北京：中华书局，2014：577.
[2] 蒙培元.心灵的境界与超越.北京：人民出版社，1998：393.

无所依靠。正是在这种觉悟中，使人知道自己在自然界中所处的地位和作用，明了自己的存在意义和价值。

人和万物是一体的

明代的王阳明与朋友在山中同游，朋友指着岩中的花树问王阳明，既然"心外无物"，那么这个花树在深山里自开自落，跟人心没什么相关，怎么能说它不是心外之物呢？王阳明回答说：**"你未看此花时，此花与汝同归于寂；你既来看此花，则此花颜色一时明白起来，便知此花不在你心外。"**意思是说，你没看到这个花时，这个花和你同样的静寂，是暗昧不显的，但你看到了这个花，那么这个花的颜色形象才明白起来，由此可知这个花不在你心外。

这是儒学思想当中一个非常有名的公案，历来对之争论极多。不过如果从现在认知神经的角度来看这个问题时，我们会发现其中包含着非常深刻的洞见。就是如果没有人看花，花还是花吗？

现在我们知道，人之所以能看到了花，是因为我们一系列的视神经作用加上大脑的运作，而形成了花的各种概念，包括颜色、香味、触感等，进而又引起了我们原来储存在大脑中与花相关的各种思想、记忆、认知、设想等，从而构成了一个花的完整概念，于是这个花才被我们所知，花也才成其为花。而如果没有人看花时，花是什么呢？那就由分子、电子构成的一团物质，如果再深入下去，那就是一些能量波或振动而已，本来就没有一个叫作花的东西。所以花既不在心内，也不在心外，它是在人与宇宙的互动当中即时创造出来的。更准确的说法是，花是宇宙通过人呈现出来的，同时，宇宙也通过万物才呈现了人。因为如果没有万物，人也无所谓人。

在现代认知心理学当中也有一个类似的命题。在太平洋的一个孤岛上，那里没有人和动物，如果有一棵枯死的树倒掉了，这时候，会有声音吗？结论是没有。因为声音的产生，是听觉神经对空气的振动产生的一系列反应，传递到大脑，大脑才会认识到有声音，如果没有听声音的耳朵和大脑，就不会有声音，大树的倒掉只是一堆物质变异位置所产生的振动在空气中传播。如果从更宏观的角度看，那只是一堆极微物质的相互结构在发生变化，连空气的振动都不存在。

中国古代朴素的唯物观认为，构成宇宙最基本的物质是"气"，气是万物的本源，如《列子·天瑞》说："**太易者，未见气也；太初者，气之始也；太始者，形之始也；太素者，质之始也**"，天地间先有气，然后才有形质；同时，气也是万物的推动者和相互感应的媒介，通过气的作用，宇宙万物构成一个相互联系、相互影响的整体。当代哲学家张岱年认为，气"是最细微最流动的物质，以气解释宇宙，即以最细微最流动的物质为一切之根本"。可以说，在古人的认识中，凭借着气的作用，天地万物浑然为一体，是混沌一片，不分彼此的，故而《庄子·知北游》说"通天下一气耳"。人作为宇宙的一部分，也同样是由气构成的，故医书《难经》说："气者，人之根本也。"

这种朴素的宇宙观也成为儒学思想的根基，正因为人与天地万物一体，所以才能天下一家，四海之内皆兄弟。王阳明认为人与天地"原是一体"，而天地万物的"发窍之最精处"即是"人心一点灵明"。"**可知充塞天地，中间只有这个灵明，人只为形体自间隔了**"①。正是有了人心这一点灵明，才使万物不是混沌一片，离开了人心，天地万物虽然存在，却无知无识，没有意义。所谓的"万法惟

---

① 王阳明.传习录.南京：江苏凤凰文艺出版社，2015：302.

心""心外无物"的说法,都是说人的意识对外在世界所起的作用,只有人心意识到的东西才构成人类的精神世界,我们认为的现实世界正是人类精神世界的投射。如果没有人心,宇宙就是一团撞来撞去的能量,或者说是一团聚散离合的"气",就没有我们现在所理解的大千世界,其实,就连我们说的这一团撞来撞去的能量或气都没有,那根本就是"不可思议"。

人作为宇宙的一部分,与万物的关系是相依相存、相互消长、彼此相融,是你中有我,我中有你的。就像是大海中的一滴水一样,偶尔被浪花打起来看到大海,就以为自己独立于大海,而实际上它就是大海不可分割的一个部分,它虽然很小,但却体现着整个海水的特性。当它再次落入大海时,就会迅速消融。其实就从来不存在过一滴水,那只是大海形态的一个瞬间变化而已。

当然我们这样说、这样想的时候,其实还是在用理智,是在观念里认识。在传统当中,这不是用思维去想象的事,而是通过实修所获得的证悟。如陈白沙于静中见"**有物呈露,上下四方,往古来今,一齐穿纽,一齐收拾**";如杨慈湖"**在太学循理斋,夜忆先训,默自返照,已觉天地万物通为一体**";又如王艮梦天坠,醒后"**顿觉心体洞然,万物一体,宇宙在我**";又如蒋道林在道林寺静坐"**忽觉此心洞然,宇宙浑属一身**";又如高攀龙门州登楼猛省"**如电光一闪,透体通明,遂与大化融合无际,更无天人内外之隔**";又如清人陈拙夫"**深山静坐月余,忽见此心光明洞彻,与天地万物为一体**"等。

东方很多的实修方法和目的,都是要超越个体,破除对自我的执着,消泯主体客体之间界限,达到与万物为一的观照和彻悟。当代科学研究也为此找到一些生物性基础。美国进化生物学家威尔森认为,人之所以会产生与宇宙万物成为一体的神秘体验,是因为人存在着一个"关闭自我"的开关,一旦遭到"关闭",就会产生自我消失感,出现扩散进入太空、融入比自己大许多的庞然大物之中的体验,就像变成了巨大身体里的一个细胞,或者大蜂巢里的一只蜜蜂一样。

当然,通过神秘体验与天地自然建立联系并不容易,古人也强调,万物一体虽然是圣学的根基,但这并不容易让人相信,因为真正体证到的人太少。而且体验也仅仅只是体验,只有在体验当中真正生起大智慧,才是整个修习的关键。我们决不是要通过练习,让自己变得离尘绝世,自足自了,更不是要变成没有自我感的一只蚂蚁或蜜蜂。我们是要通过练习使自己成为能够主宰命运的人,能与天地自然融洽和谐的人。

毋意必固我

尽管在很多时候,我们似乎能够理解我们是"宇宙的有机组成部分"这个事实,但在现实层面,我们对自我的执着是非常武断的。人往往以对立的眼光看宇宙乃至万事万物,这就导致了人与宇宙、与自然的分裂。

现代神经认知学认为,"自我"是意识过程的一个附带产品。也就是说,生物与宇宙万物本来共生共存,彼此不分。由于人类在进化过程中,意识水平不断提高,本来作为处理和区分外界刺激的神经信息系统,在运作的过程中,发展出了个体的主观体验,随着这种个体的体验不断深化,于是关于"我"的意识生产了,并且在整个的意识活动中,越来越占据主导地位。这最终使我们相信,自己主导了所有的意识过程[①]。梁漱溟也说:"本来所谓我者,只是生命上

---

① 任俊.积极心理学.上海:上海教育出版社,2006:154.

之一意味，其余所谓苦乐是非者，通统是生命上之一意味。这种意味是随感随有，都不是个固定的东西。"[①] 而当人有了自我意识，与宇宙二元对立的观念也就产生了。

相比其他动物，人类的思维能力为生存带来了绝对的优势，能够对事件进行归纳、分类、总结，使之形成概念，从而脱离事物的本身，可以把种种的概念放在大脑的虚拟环境中，进行抽象的计划、推演，从而有效地提高活动的效率，降低失误和失败的概率。这是生物进化中的一个奇迹。

但理智思维也带了一个问题，它只是人围绕着"我"发展出来的一个"计算的工具"。虽然人在进化过程中，通过理智的发展，逐渐克制了本能的机械性，使得自己可以改造自我，同时也改造环境。但是理智因为要分析、归纳，就会形成二元对立的思维模式。理智对一切进行二分，于是人将自己从宇宙中割裂出来。有了内外之分，靠近自己的就是"我"，远离自己的就是"非我"。宇宙是"非我"，于是将自己从宇宙中割裂出来；其他生物是"非我"，于是从自然中割裂出来；他人是"非我"，于是从人群中割裂出来；"我思故我在"，于身体与头脑割裂开；甚至头脑当中也有"我"与"非我"，那个好的是"我"，那个不好的不是"我"，于是连自我意识本身也被割裂。

事实上，意识的"我"并不是恒定不变的，而是意识流不断运作的结果。但对于我们个体来说，依然会不自觉执着于这个"我"，把"我"作为评判所有事情的尺度。在我们的意识和潜意识里，世界上最重要最关键的就是自己，我们的感知、认知、思维、行为都会经过自我的过滤。凡是遇到与我们相关的、熟悉的、相似的，就

[①] 梁漱溟. 梁漱溟文选. 北京：中国文联出版公司，1996：761.

会认为是好的、是对的，在很多时候，我的记忆、想法、评价、判断都是以自己为出发点。

《论语》上说："子绝四，毋意，毋必，毋固，毋我"。意思是，孔子杜绝了4种毛病：没有私意，不期其必然，不固着执滞，没有私己。朱熹认为，这4个毛病归纳起来其实就是"己之私意"。这里的私并不是自私自利的意思，而是与天地自然相互分隔的意思，也是与宇宙万物相对立的意思。正是因为将自己与天地自然当中分离和分隔出来，所以相对于天地，就是"私"，就是私意、私己和偏私。如果反过来，能够融合于宇宙万物与天道之中的话，那就是"公"，就是"廓然大公""天下为公"的意思。

程颢说"与万物为一体"就是"仁"，而与万物不相联系就是"不仁"，相当于中医将手脚痿痹麻木称之为不仁。仁者将天地万物都看成是一个整体，所以对他人他物以及万事万物都会有体认和感应，就像对待自己生命的一部分那样休戚与共。如果对自己以外的事物都漠不关心，那就是麻木不仁，就像自己的生命痿痹死掉了一部分一样，自然也就没有什么感觉了。

心理学家迈尔斯发现，人很容易被自我执着的偏见所左右，形成错误的认知和行为。比如我们会有"自利偏差"，习惯地将好事归功于自己，将错事怪罪别人；还会有"过度自信偏差"，过分高估自己的能力和运气，赌徒就是极端的例子；还会有"信念固着"，只有支持我想法的证据才是可信，如果和我的想法不一致，就是证据有问题。种种直觉性偏差往往与我们自私自大、狭隘偏颇的习气有关。

其实，如果从完全自我的角度来看，人类就是被意外抛进宇宙的孤儿。伴随着这种孤独感，是价值的失落、选择的苦闷、安全感的缺失等。在儒家传统当中，"变化习气"最看重的，就是要变"偏"为"中"，要变"私"为"公"，要变"局"为"通"，要做到

"毋意,毋必,毋固,毋我",即没有私意,不期必然,不固执,没有私己。消除人我之别、物我之别、内外之别,改变以自我为中心的"私我"和"小我",而去追求更加开放的"大我",使自己的生命与万物齐一,与宇宙合一。

人需要自我的超越

现代科学兴起以来,人们已经越来越难以对超自然秩序产生信仰,原来不证自明的信仰体系相继崩溃,价值感的失落成为一种流行病,并且慢慢地在全世界蔓延开来。在这种情况下,人们开始将自我看成价值的源泉。在人本主义心理学家马斯洛的早期需求理论中,自我实现就是人生最高的追求。但在之后的很长一段时间里,由于过度倡导追求自我的实现,结果导致了社会上个人主义的盛行。人人都在追求自我,却罔顾他人的价值和实现。自我实现变成自私自利的自我为中心。很多心理学家开始批评这种现象,拉斯厅称之为"自恋狂文化",维兹称之为"自私文化""自我朝拜"[1]。于是在西方心理学当中,自我超越的重要性被越来越多的心理学家所认识。

意义疗法的创始人弗兰克就提出:"人类的存在,本质上是要'自我超越'而非自我实现,事实上,自我实现也不可能作为存在的目标,理由很简单,一个人愈是拼命追求它,愈是得不到它",只有努力地去超越自我,才能在投入中实现自我,换而言之,自我实现是自我超越后的副产品[2]。

马斯洛也提出,人在自我实现之上,还有更高需求存在,那就

---

[1] 车文博. 人本主义心理学. 杭州:浙江教育出版社, 2003: 478.
[2] 维克多·弗兰克. 活出意义来. 赵可式,沈锦惠,译. 北京:生活·读书·新知三联书店, 1991: 94.

是"自我超越"。他说:"缺乏个人超越的层面,我们会生病""我们需要'比我们更大的'东西"。在他看来,自我超越同样有着生物学的根源。当自我实现者的所有低层次需求都得到满足时,人性就会变得成熟和完满,但人并不会因此停滞不前,他会受到其他更高级方式的激励,即"超越性动机"。孔子**"饭疏食饮水"**乐在其中,颜回**"一箪食,一瓢饮,在陋巷"**不改其乐,都是超越了基本需求之后,将精力转向了对超越性的"道"的追求上。因此,马斯洛认为:"人本主义的、第三种力量的心理学是过渡性的,是'更高级的'第四种心理学,即超越个人的、超越人的、以宇宙为中心的,而不是以人的需要和兴趣为中心的,超出人性、同一性、自我实现的那种心理学的准备阶段"。由此,西方心理学突破了把独立个人和内在自我作为研究的重心,突破了心理意识以自我为中心的局限,开始强调超越个人、超越自我,消解个人与他人和外界的分离,而达到一种忘掉个人的"无我"或"大我"的精神境界[1]。

随后兴起的超个人心理学,就更多地开始研究终极价值、超越意义、人类协同、宇宙觉知、生死体认、意识领悟、精神通道等这些超越性的问题和现象。比如,超个人心理学家肯·威尔伯将人的意识分为4个层次,其中最高一层叫作心灵层,或宇宙意识层,指出人最内在的意识是和宇宙相认同的意识。另外一位超个人心理学家阿萨吉奥里,他在精神分析的潜意识理论上,将人格描述为多个部分组成的系统结构,其中高层潜意识是人类追求美、灵性与创造的部分,高层自我是超越狭隘自我的"真我"部分,而集体潜意识是自我扎根于宇宙大我的部分。这些理论都试图说明,人类在日常活动和个人实现之外,还存在于一个更大的整体中,并且,那里才

---

[1] 车文博.人本主义心理学.杭州:浙江教育出版社,2003:488.

是人类最终极的心灵归宿。在此，西方心理学终于与东方心灵学，尤其是中国的心性学走到了一起。马斯洛说过，自我实现和自我超越可以"归入东方哲学的健康观之列"，事实上，内在的超越性是中国古代思想的精华，在今天依然深刻地影响着我们，使我们在面对世俗的喧嚣时，能够"见大而忘小"，"不以物喜，不以己悲"，不被琐事所羁绊，微笑着接受生命给予的一切。

有终极价值的人更幸福

拥有一个正确的核心价值，不仅是对个体，对一个集体或组织乃至一个国家，都是非常重要的。美国在1999年的一项调查中发现，青少年不学习价值观是比暴力和吸毒更严重的社会问题。心理学家彼得森说，一个人按照价值观生活时，就可以较少地受环境和生物学因素的影响，从而能够有效地减少自己的欲望和情绪带来的负面影响。同时，价值观通常比较富于表现力，它能够使我们明确自己在宇宙中、在世界中、在人群中的位置和意义。而且，共同的价值观可以有效地规范集体内部的行为，有利于人际关系畅通和团结，避免和减少内部的冲突[1]。

人本主义心理学家认为，价值观是人类本性中的一种真实的需要，是人格组织的基础，也是人心理健康的重要标准。马斯洛说："没有价值体系的状态就是一种心理病态，人类需要一种生活哲学、宗教或者价值体系，就像他们需要阳光、钙和爱情一样。没有价值体系的人往往感情冲动，并持有虚无的、怀疑一切的态度，也就是

---

[1] 克里斯托弗·彼得森. 积极心理学. 徐红, 译. 北京: 群言出版社, 2010: 122.

说他的生活是毫无意义的。"近年来的实证研究也证实,人就是需要追求意义的。我们的感知神经系统会让我们对外界无序的刺激进行组织,形成完整的形态、结构和模式。如果人无法对所处的环境进行有效组织和解释时,人就会觉得紧张、困扰和不安[1]。

有当代学者将世界上不同的文明所孕育的终极价值观念,区分为4种。一种是信神得永生,如基督教;一种是解脱轮回之苦,如佛教;一种是求知求真,如古希腊文明;最后一种是修德人间,来自中国的文明传统,认为人生的意义来自"自我"或"真我"的实现,然后推己及人,建立理想社会。[2]

其他宗教国家的人很难理解中国这样拥有庞大的人口数量,却大部分人没有宗教信仰的国度。因为单纯的法律和社会性的道德规范,其实无法完全制约人内心当中存在的私欲。在法律与社会道德无法触及的角落,人只有通过自我"神性"的提升,才能使自己不被各种物欲所左右。而在中国,大多数中国人已经没有上帝、佛祖或神明的信仰,但中国人却从来都不缺少"神性"的道德感,这因为中国人的这"神性"来源于对"天命"的敬畏。

在儒学当中,"天"带有最高的终极意味,是一切事物的本源与规范者。如孔子说**"唯天为大"**、孟子说**"顺天者存,逆天者亡"**、荀子说**"天地者,生之本也"**、《易传》说**"有天地然后有万物"**。而人所从事的一切活动,归纳到最后都是为了"尊天""顺天""事天""乐天"。可以说,天道观代表了早期儒学的世界观和宇宙观。孔子很少谈天道,但他说**"五十而知天命""畏天命"**等,显然也是将天命视为一切人事的终极依据。用梁漱溟的话说,"天命"不是一

---

[1] 欧文·亚隆.存在主义心理治疗.黄峥,等,译.北京:商务印书馆,2015:489.
[2] 金观涛.探索现代社会的起源.北京:社会科学文献出版社,2010:63.

个具体的事物,而是指整个"宇宙大的变化流行",那么所谓的"知天命"就是自觉地与宇宙的变化保持一致、顺势而为,不越天道而妄行。

《论语》上记载,孔子去宋国谋政,卫君夫人南子召见孔子,孔子就去了。子路认为南子有放荡之名,不应该去拜会,所以很不高兴。于是孔子就指天发誓说:**"予所否者,天厌之!天厌之!"** 意思是,我要是做了什么不该做的事,让天厌弃我!当然,这是从消极面来说,从积极面来说,天命观也给予孔子更多的精神支持。孔子一生经历过很多的艰难险阻,但每次他都坚定地相信,自己负有天赋的使命,别人根本奈何不了他。他曾经在匡地被人围困时说:"周文王死了以后,周代的礼乐文化都在我这里了,上天如果想要消灭这种文化,那就不可能让我掌握这种文化;上天如果不想消灭这种文化,那么匡人又能把我怎么样呢?"再比如,他在周游列国的时候经过宋国,一个叫桓魋的宋国大臣要追杀他,他说:**"天生德于予,桓魋其如予何?"** 意思是说,上天赋予德行给我,就算桓魋想杀我,他又能把我怎么样呢?

孔子还认为**"君子有三畏"**,首先就是要**"畏天命"**,并且说**"获罪于天,无所祷也"**,如果违背了天,再怎么祈祷也是没有用的。中国的俗语"人在做,天在看",也是这种敬畏感的体现。李泽厚认为,这种敬畏感来自中国远古的巫术传统,这种原始情感由周公制礼,再由孔子释礼归仁,而变成一种根植于内在的道德情感,尽管排除了巫仪、奇迹、神谕等仪式,但仍然具有形而上的深沉宗教意味[①]。

中国人无论做什么事都首先要讲究天时,各种国事、家事以及

---

① 李泽厚. 论语今读. 北京:中华书局,2015:317.

个人生活都要顺天而行。正所谓"**天与弗取，反受其咎；时至不行，反受其殃。**"天命落实到人心上就是所谓的良心，因此，很多中国人看似没有什么信仰，但总有对自己内在的界限，这个界限就是"对得起自己的良心"，这个内在的道德感不需要诉诸外在的限制，完全基于内在的感情，与儒家"致良知"一脉相承。杜维明教授指出："（儒家的自我）亦即我们的本性，均是来自天命中，因此从它的本来圆满之境来看，它是神圣的，由此观之，自我是既内在的又是超越的，同时又属于上天的。"传统儒家一方面在官方保留了祭天的礼仪；另一方面通过实际的修养和体验，与天地万物相感通，领悟天心即人心，人心即天理，致中和就是合天心、顺天理。可以说，对天命的敬畏感，实际上是来自中国人上千年的集体无意识沉淀，已经深深融入中国人的血脉，渗入生活的方方面面。

练习：整体聚焦

在本章中，我们重点探讨了儒学中最核心的价值理念，即天地一体、万物为一，这可以说是圣人之道的终极理想。学人一旦领悟到这一点，将内外、主客、物我、时空融为一个整体，并切身体验到这种与万物统一感和谐一感，就谓之开悟。悟入的途径各有分别，有从认知上领悟的，有从静中领悟的，也有从人事上领悟的。

在本章中，我们讲了那么多天人合一的大道理，其实都是在认知上下功夫。如果由此有所领悟，生命自然已经大不相同。但仅仅是认知上的领悟，其实仍然是无根之木、无源之水，很多时候，我们知道这个道理，但遇到事情时，并不能真的从这个领悟中获益。这实际上是缺少了身心整体的变化，变化气质并非只是变化认知，而是整个身心的转变。

静坐是传统开悟的得力方法之一，这一点我们在第三章进行过详细说明，此处不再赘述。但静坐悟入需要一定的条件，对于忙碌的现代人来说，是一件比较有挑战的事情。

由人事悟入则往往比较偶然。如近人唐君毅在赴京求学前与其父告别时，对父亲依依不舍，忽而恻念古往今来一切人皆会有这种别离之情，顿感此情充塞宇宙，无穷无尽，不能自已，"当此之时，凡吾念之及于上下四方、古往今来任何人物，此情亦即与之为一体"。这种情况其实是可遇而不可求、不可把握的，而且也不能久持。

这些悟入的途径各有长短，实际要依个人的特点秉性和具体情况而定。而心理学也有一些方法，可以在一定程度上唤起天地一体的大我意识。其中有一项来自整体聚焦的心理技术就是很善巧的方法。

聚焦疗法是由美国哲学家、心理学家简德林所创立的，虽然称之为了疗法，但却是一个充分运用身体智慧的方式，同时也是一个人生哲学。在此基础上，凯文进一步发展出了"整体聚焦"。我们现在要介绍的只是"整体聚集"中的一个模块，这个技术可以选择任何一种姿势，无论站着、坐着、还是躺着，总之要使自己感到放松和稳定。下面我们以站姿为例来进行说明。

首先还是要找一个合适的环境，然后静静站立，感受自己的身体。感觉自己稳稳地站在地面上，想象双脚生出粗壮的根系扎向大地，自己如同一棵大树一样，生长在天地之间，吸收着土壤、空气中的养分，大地承载着你，让你感到稳固而充满了力量，有一种顶天立地的感觉。

接下来，带着这种根扎大地的临在感，邀请身体向更广阔的空间开放。

感受自己所处的环境，包括周围的物体、声音、气味、光线、温度、景色等。

进而，感受自己身体每一部分的感觉，无论是内部的还是外部的，感觉整个身体的重力，感觉这种重力所带来的脚与地面的接触，感觉双腿、躯干、颈部对身体的支撑，感觉双手双肩的姿势，感觉皮肤与衣服等外在事物接触的感觉，等等。

进而，感受自己内在的感觉、呼吸、情绪、内在的能量流动，等等。

进而，感受自己与他人的内在联系，在你身边的人，或不在你身边的人，都可以感受他们在你的内在有什么样的感受。

进而，邀请身体向周围的空间开放，不要用眼睛去看，而要用身体去感受。去感受你的前后左右上下的空间，看这些空间在你内在有什么样感受，包括在这些空间中的物体。这个空间可以逐渐扩大，可以超越你所在房子、社区、城市、国家、地球、太阳系、银河系，乃至整个宇宙空间。那个觉察的我一直都在这里，我还是那个我，在身体的这个家里，然而开放的很大，似乎包容着宇宙。静静地体会这种感受，体会一切事物、一切时空、自己的过去与未来在此刻融为一个整体的感受……

在这个"整体聚焦"的基础上，你可以去重新思考自己与生活、与他人的关系，确定你将要何去何从。

这个过程既是让心回到身体的过程，使身心一致，同时亦是扩大胸襟，体会张载所说的**"大其心则能体天下之物"**的包容天地的过程。平常我们看到一些关于宇宙图像的视频，会发现宇宙如此之大，地球尚且如一粒尘埃，而生活在其中的人类，更不过是宇宙间的一丝微尘,此时,我们往往会有某种体悟产生,世界如此之大,身边的一些事情就会相对小很多,这也是一个"大其心"的过程,但这终究是在认识上面的一个领悟。而整体聚焦的这个技术,尽管比较简单,但由于包含了由内到外几个层面工作,可以带来身心整体转变,因此也就比单纯的意识转变来得更有效果。

对于万物一体的领悟是踏入天地境界的门槛,但并不意味着一朝解悟,便可终身持守。更多的情况是,这种纯一的感觉只能维持一小会,然后消散,复如往常一样。所以孔子说:"**回也,其心三月不违仁,其余则月日至焉而已矣**",像颜回那样的圣人,也只能保持几个月的时间,其余的弟子也就能保持几天,何况忙忙碌碌的现代人。但有此体悟与无此体悟的终究有分别。作为身处喧嚣生活的现代人,我们虽然并不能使自己修持到先贤的境地,但如果能够偶然切身体会到大其心而包含万物的感受,也足够我们在承受生活压力时,获得暂时的心灵解放。

第十章
一任直觉,率性之乐

绵绵圣学已千年,两字良知是口传。
欲识混沦无斧凿,须从规矩出方圆。
不离日用常行内,直造先天未画前。

——王守仁《别诸生》

充满矛盾的当下

"活在当下"是现在很时髦的话,很多人都讲要"活在当下"。东林党领袖顾宪成有言"近世率好言当下矣",说明在晚明时期,"当下"也是个流行热词。但怎样才算是活在当下,却似乎很难有一个比较准确的说明。

就人的身体而言,无时无刻不是活在当下的,身体决不会猝然跑到另一个时空去。而能够无限自由变化的,只是人的思维,或说是人心。说活在当下,就应该是身体与思维(身心)同时只投注在当下一刻。但如果是这样,人之有思维还有什么意义呢?

人类正是有了思维活动,才能够对过去发生的事不断地进行归纳、比较、分析,对未来发生的事进行规划、推测和想象,然后自由地选择,做出利益最大化的决定。正所谓"**人无远虑,必有近**

忧"。就目前可知的一切生物，唯有人类可以抑制自己当下的种种冲动，通过谋划安排自己的未来，实现最大程度上的自主和灵活，这恰恰是人之所以优于万物的根本所在，人类能够繁衍至今并创造出灿烂的文明，也都是由此而来。倘若只管眼前的事物，不计较未来，那么人与其他动物的区别又何在？没有对未来的计划与打算，当下一刻根据什么来做出决定？又如何确定当下一刻真的是自己所需所要的呢？

很多鸡汤故事只讲活在当下，其实立论很不严谨。比如说一个富翁看到渔翁无所事事地晒太阳，就问为什么不去工作。渔翁反问，为什么要去工作？富翁说可以挣很多的钱。渔翁又问，为什么要挣很多的钱？富翁说，有了很多钱之后可以自由自在地晒太阳！渔翁说我现在已经在晒太阳了。于是，渔翁似乎就胜利了。但问题是，天有不测之风云，谁都不知道明天能发生什么事情。假设在他们对话的下一刻，发生一件什么不幸的事，那么富翁的抵御能力就会强一些，而渔翁则可能立即陷入困顿。当然这不是说非要人人去做富翁才好，而是说这种只顾当前不考虑未来的态度，很难成为明智的生活准则。

通过与原始人头骨化石相比较可知，现代人比原始人的大脑容量要大很多，而这多出来的部分主要集中在额头。所以，我们现代人的额头是平的，而原始人的额头是朝后倾斜的。这个大出来的部分就是我们大脑的额叶，它的一个重要功能就是对未来的预想。正是因为有额叶，我们才能克制本能的冲动，作出理性的选择。哈佛大学的丹尼尔·吉尔伯特教授在《哈佛幸福课》一书中，有一段激动人心的话："在大脑出现在我们这个行星上的几百万年间，所有的大脑都被囚禁在永恒的现在当中，而大部分大脑现在还是如此……在两三百万年前，人类的祖先开始了一场摆脱当前时空束缚的伟大逃亡行动，他们逃离的工具就是额叶。"由此说来，人类辛辛苦苦发展了几百万年，长出的大脑额叶就是为了逃离当下，而现在却又令我们感觉到如此的不快乐、不幸福，以至我们要停止额叶的工作，重新"活在当下"，这岂非是一种悖论？

其实真正使人无法忍受的，并不在于是活在当下还是活在什么别的时空里，而是在于当下我们大脑内产生了无法调解的冲突与矛盾。我们在第二章介绍过大脑的"加盖"现象，大脑各部分之间的冲突，反映到我们的心理上，就是内在的冲突体验。

作为从猿进化而来人类，最初显然是以本能情绪为主，有感则发，不加拣择。而随着文明程度的升高，社会的要求和道德的禁忌越来越多，对人的智力水平的要求也越高，于是理智就后来居上了。理智发达了，对本能、情绪和情感的压抑也就越来越大，于是内在的冲突就越来越多。这也从一个侧面说明了，为什么越是经济文化发达的社会，抑郁和焦虑的人就越多。

通常我们做某件事时，会有两种情况，一种是想都不想就去做；另一种是先要想好我们为什么要做、该怎么做，然后再决定如何去做。比如饿了，我们一般想都不想，立即去找点吃的；但假如我们正在工作，那么就要想一想怎么办，是继续工作还是先吃东西，就是先要权衡利弊。前者就是本能自动的反应，后者则是理智的分析。凡事任由本能的反应，就很危险，但凡事都理智分析，就会对自我产生过多的压抑，进而产生内在的冲突。

按照弗洛伊德的人格理论，人要在代表本能欲望的"本我"和代表社会期望的"超我"之间取个折中的决定。但我们平时有问题不可能把"本能脑"和"理性脑"拿出，或者把"超我"和"本我"从潜意识里请出来，让它们进行一场辩论赛，然后以胜负来做决定。况且本能、情感和理智之间，有时候是根本不可调和的。如果我们在工作期间吃饭会受到严厉惩罚的话，通常我们会压抑想要吃的冲动，也就是说理智战胜了本能，但此时并不等于吃的冲动消失了，这股冲动的力量还在。如果本能的这种冲动总不能满足，迟早它会以更加剧烈的方式表现出来，那么人就会出现身体或心理上的疾病。

当然在吃这种本能上，我们还是比较容易识别的，就是说，如果我们饿极了，我们就会不顾一切地先解决这个问题，不会让它一直压抑着，但对有些内在的需要，我们的感知并不敏锐。我们经常会面临着这样一些选择：身体想要舒服，而头脑想要勤奋；身体想要堕落一下，心灵却不允许；情感上我们想这样，而理智却告诉我们要那样。为了解决这些冲突和矛盾，大脑的自动化思维就会开始运作。一会让你想想你从前的遭遇，一会让你想想可怕的未来，一会让你扪心自问，一会又让你听听他人的建议。于是人们不堪其扰，就想让大脑的前额皮质快快地停下，然后不管过去未来，只活在当下。

但想要停止脑的前额皮质既不可能，也不可取，对过去记忆的整理和对于未来的想象，对我们来说毫无疑问是极其重要的。同时，对于本能和情绪的反应，我们既不能盲目压抑，也不能盲目跟随，这其中重重的矛盾该如何去破解，是古今中外许多哲人思想家所面对的一大难题。儒家的解决方法，既不是像西方学者那样，要把过去、现在和未来的得失放在一起斟酌计算，也不像佛家一样彻底把一切事相否定掉，而是走出了一条尊重生命发展的中间路线。

合下即是与现成良知

在传统儒学当中，人的天性本心与天道一脉相承，所谓"天命之谓性,率性之谓道",顺着自己的天然本性去做人做事,就可以将天道落实到具体的生活当中来,既然是顺天而行,那么平常日用无非是道,自然无往不利、洒落快活,怎么做都是对的,这就是"从心所欲不逾矩"的道理。

对于如何能够不偏不倚地实行"天命之性",历代也有不同的认识,而王阳明的"良知"即算得上最为透彻明白。"良知"一词出自孟子,认为人人具备不虑而知、不学而能的良知良能,实际上是指人性当中天然具足的善的倾向。而王阳明所说的"良知"既是人心本具的潜质,同时也是这个潜质的发用,从更高的层面来说,也是天地之道通过人心的发用。"人心是天地发窍处",而良知就是这个"天理自然明觉发现处"。因此,这个良知既非本能反应,也不是理智思维,它不思不虑,不计较算计,却能知是非、明善恶,合节中道。因为良知本自具足,不假思索就能顺情而出,也就形成了王阳明"见在良知"的观点,"见在"就是"现在",其实就是当下即是的意思。其后经王艮父子、罗汝芳、周海门等泰州学人发挥与倡导,蔚为大观,形成了当下具足、平常日用即道的观念及其功夫论,良知现成论可谓盛极一时。

明儒王栋说:"吾人日用间,只据见在良知,爽快应答,不作滞泥,不生迟疑,方是健动而谓之易,中间又只因物付物,不加一点安排意见,不费一毫劳攘工夫,方是顺静而简。"我们平常的人伦日用,只依据现在当下的良知,爽快应答,不作滞泥,不生迟疑,这才是顺应天道的健行变化;其中待人接物处事,也只是随感随应,不加执着,不加一点私己的安排念头,不加一丝计较打算的想头,这才是处静用简,不枉费心力。这样就是顺天应命,动静一如的简易之道。倘若念虑一起,计较心一来,便又不是了。又说"**做此工夫,觉得直下便是,无从前等待之病,但虚怀不作意,即工夫**",平常这样用功,就会觉得当下便是,更无等待迟疑的毛病,只要虚怀若谷,不起私心杂念,就是功夫。

顾宪成则认为:"**吾性合下具足,所以当下即是。合下以本体言,通摄见在、过去、未来,最为圆满;当下以对境言,论见在不论过去、未来,最为的切**"。这里顾宪成分疏了"合下"与"当下"两个概念。"合下"是指人的天性而言,"当下"是指对境而言。对人的本体性来说,没有现在、过去、未来的分别,任何时候都圆圆满满,这就是合下具足。当面对现实情境时,只有现在,没有过去未来,这就是当下即是。也就是说,只有人的天命之性圆满呈露,合下具足时,才能够当下即是。

通过现成良知,儒学将天道下贯为人道,在心性畅达、自我实现的同时,通过人的伦常日用去体现天道的意志。此时,天道就不再是高高在上、玄妙难测的,而是转为人的直觉行为和自觉行动,一切决定和行为虽然不思不虑、不用理智,但由于顺合天道,自然一往无碍。于是天道与人心打成一片,过去、现在与未来打成一片,人与天地宇宙自然浑成,整合无间,不追既往,不逆将来,一片生机自在。

这就是传统儒学给我们提供的止息烦恼、安住当下的方法。不过由于时代变迁,传统儒学中的天道、心性、良知等概念已经与我们实际的生活相去甚远,生活方式和社会结构的变化,使我们并不能将传统的儒学功夫拿来直接运用,这就需要我们进行重新认识和把握。近代以来,随着西学东渐,先贤们也认识到传统的儒学理论体系已很难适应国人新的实际需要,以梁漱溟、熊十力、贺麟等为代表的现代新儒家开始使用"直觉"一词来解释和补充"现成良知""率性为道"的心学理论,为我们开出了一个新的视角和局面。

新儒家的直觉

新儒家的直觉论最早是由梁漱溟提出,他在《东西文化及其哲学》中解释了这种直觉,就是在知觉与思维之间的一种心理活动,是"一种意味、精神、趋势或倾向"。比如,看一幅版画,首先是眼睛接收到了一个黑白画面,这个时候就只是一个知觉,并无黑、白、颜色、笔画之类的概念,只是一个整体的影像,之后这些影像进入大脑,经过抽象归纳概括,才分出黑白颜色、横竖笔画以及所画何物、有何含义之类的概念,这就是经过了思维的推演。但在知觉和思维之外,当人看画时会产生一种"意味",就是体会到了某种韵律、韵味、美妙的感觉,但语言不能表达,只能自己在心里感受。这个体会既非事物本有的,也不是逻辑推理演绎出来的,而是人心本有的一种功能,是将自身的情感主观地加在事物之上产生的,这也是人认识外界的方法之一。①

梁漱溟认为孔子对生活的态度就是一任直觉:"遇事他便当下随感而应,这随感而应,通是对的,要是于外求对,是没有的。我们人的生活便是流行之体,他自然走他那最对、最妥帖、最适当的路。他那遇事而感而应,就是个变化,这个变化自要得中,自要调和,所以其所应无不恰好。"他明确地表示,这个**"直觉"就是孟子"良知良能"**②。也就是说,直觉是人生而具有的,所谓的"好好色,恶恶臭"的好恶,都这个心的直觉作用,这个直觉就是好真、好善、好美的,是天然而知、不虑而得、不学而能的。就像王阳明说的:在

---

① 梁漱溟. 东西文化及其哲学. 北京:商务印书馆, 2010: 81.
② 梁漱溟. 东西文化及其哲学. 北京:商务印书馆, 2010: 131.

你看见美色的同时，就已经有了喜欢的感受，不是先看见，再另外决定自己是否喜欢；同样的，你闻到难闻的味道时，就同时有了讨厌的感受，而不是先闻到，又再另外决定自己讨厌与否。这就是良知的作用，也就是直觉的作用。

梁漱溟虽然力倡"直觉"，强调顺情直出，但这其中有一个危险，就是可能并不是由天性流出的纯粹的"直觉"，而可能是夹杂着"习气"的生理欲望和情绪。他感到无条件的随心所欲是危险的，因此，强调要通过返身自省来加以节制。

他写道："好恶皆为一个直觉，若直接任由这一个直觉走下去，很容易偏，有时且非常危险，于是最好自己有一个回省，回省时仍不外诉之直觉，这样便有个救济。"对于这个"回省"，他认为就是中庸之道，他举孔子的话说，"**道之不行也，我知之矣，贤者过之，不肖者不及也；道之不明也，我知之矣，智者过之，愚者不及也。人莫不饮食也，鲜能知味也。**"意思是说，中庸之道不能实行的原因，就是聪明的人自以为是，认识过了头；愚蠢的人智力不及，不能理解它；贤能的人做得太过分，不贤的人根本做不到。人之所以不能持守中道，是因为人很少会返身自省，就像每天吃吃喝喝，却很少注意到什么味道一样，就是缺少了自觉。人单凭"直觉"行事时，会由于智、愚、贤、不肖等气质，不免出现过度或不及的问题。

梁漱溟认为，大舜"执其两端而用中"，就是"于'直觉'的自然求中之外，更以理智有一种拣择的求中"，所以这不是"单的路"，而是走"双的路"，单一可能会偏，双则得到一个调和平衡。他对这"双的路"表述为："一任直觉，直对前境，自然求中。然后兼顾理智，暂离前境，拣择求中。"这就形成了"一往一返"的心理过程，即在"一任直觉"之外多了一个返观回省。

梁漱溟这个"双的路"观点如果向上溯源，与明代罗汝芳的

"两种知"的观点颇为相似。罗汝芳认为，人的"知"有两面。比如平日叫僮仆端茶倒水，僮仆就会自然而然地应答，僮仆这个自然而然地知道如何去做就是一个知，这就是不虑而知，是不用特别去想就知道的知，就是一个天然的良知良能，实际上就是一个直觉的行为过程。但僮仆还会有一个知觉，就是知道自己在端茶倒水，这是知的另一面，这是需要想一想才会意识到的，这就是人为的知，是一个有意的注意。先天的知是顺而出之，顺着就会成人或成物；后天的知却要返身而求，逆着就会超凡入圣。后天的知虽然很重要，但仍然是出自先天的知。如果人能以后天反省觉悟之心，与不虑而知的先天良知浑然为一体，才是达到圣人的境界。

这里罗汝芳将先天的良知，和后天对良知的觉知分开来讲，也是一顺一逆，与梁漱溟"双的路"大体是一个意思，都是一方面讲求顺情而出，另一方面返身自觉。总的来说，他们都认为，不管是圣人和普通人，都有一个不虑而知、不虑而得的良知良能，只是普通人被各种习气困扰，所以"日用而不知"，这就需要通过"返"和"逆"的觉悟功夫来达到自觉。直到不虑的良知良能与返身觉悟的知浑然一体了，也就是明心见性，见到本心。只是梁漱溟将传统的"良知良能"用现代心理学的"直觉"来代替，而将反躬自省的自我知觉看作是"理智的拣择"。

之后，另一位现代新儒家的代表人物贺麟，对直觉则有更明确的定义。他认为人的直觉是一种广泛的经验，它包括："生活的态度、精神的境界、神契的经验、灵感的启示、知识方面突然的当下顿悟或触机，均包括在内"，他将人的直觉分为3个阶段：第一阶段是前理智直觉，也称感性直观或感性直觉，也就是尚无是非判断的、纯出于感觉的，属于本能的直觉，其特征是"全黑"的"混沌"的，是人类认识世界的第一步，是直觉经验的低层次表现，还构不成人的精神境界。第二阶段是理智直觉，是人的知识性的直觉，是加入了逻辑思维与理性分析的直觉，是对相对真理和具体认识对象的直觉。第三阶段是后理智直觉，也称理性直觉，是人类超越感性和理性的一种更高阶段的直觉思维，是对"形而上学知识，对真理、神、大全的洞观"，是对真善美以及宇宙绝对的直观认识。可以说是对人自身感性直觉和理性直觉的综合[①]。

实际上，贺麟分疏的直觉三阶段也能对应罗汝芳的"两种知"。第一阶段的前理智直觉，正是罗汝芳所谓的先天的知，此时，人没有自我的觉察，完全是跟随生命自然状态下的活动，也是人类在进化过程中所形成的各种模块化、自动化的生理和心理活动，这个阶段涉及不需要理智参与，人类也可以从事的种种生命活动。第二阶段的理智直觉，实际上是心性向外的一种工作方式，是罗汝芳所说的先天的知与后天的知不相融的状态，可以说是一种身与心分离、感性与理性、主体与客体分离的状态。第三阶段的后理智直觉，则是先天的知显于后天的知中，后天的知融于先天的知，两者合二为一，这时即是内外一致，身心一如，体用一源，知行合一的境地。此时，所作所为，所感所发，无不中节合道，直透天性本源。新儒家所提出的直觉，正是在这个层次上，才真正可以与传统儒学的"诚""敬""良知""直心是道""当下即是""率性之为道"的各种内涵相对应。

运用身体的智慧

前面我们解释了儒家的现成良知和直觉，但要应用到日常生活

[①] 陈永杰.现代新儒家直觉考察.上海：东方出版中心，2015：184—186.

中，还得有具体的方法。怎么运用良知，这是传统心学让人诘难的一大问题。你要问某事该怎么做，心学告诉你，要问自己的良知，你要问良知在哪，心学告诉你良知就在你自己身上。朱熹批评这种情况说，好比一个外地人没钱回家，向你借钱，你却告诉他家乡有家财万贯，赶紧回去自己取，这有什么用呢？现在将"良知"转换成"直觉"，实际上这个问题仍然没有根本解决。

良知和直觉该从哪里来？其实这个答案在我们的身体上。这里所谓的"身体"是包括头脑和全部躯体在内的我们整个的机体，这也正是我们在第一章提到的"人心"的作用。

程颢说"**圣贤千言万语，只是教人将已放底心，反复入身来，自能寻向上去，下学而上达**"。意思是说，圣贤千言万语，就是教人将已经放逸的心，收回到自身，通过对自身的体悟，下学上达，从而尽性顺天。朱熹说："**盖天下道理寻讨将去，哪里不可体验？只是就自家身上体验，一性之内，便是道之全体。**"意思是说，想要探寻天下的道理，只是要从自己身上去体会验证就行了。王阳明也说："**若解向里寻求，见得自己心体，即无时无处不是此道**"。只要全然地返求自己的整个身心，就能体悟天地万物的普遍道理。"反身而诚"可以说是传统儒学流传千载，而又没完全被参透用尽的大关键。

在现代心理学当中，对身体运用也越来越受到重视，其中"聚焦"理论是最值得一提的。"聚焦"既是一门心理学，也是一门哲学，是由美国哲学家简德林在与罗杰斯对上万个心理治疗案例分析总结的基础上创立的。它与儒学存在着非常大的相似性，但它具有更强的可操作性。

所谓的"聚焦"，是指当人在面临困境或选择时，有一些所无法表达、不知如何是好的感觉时，通过"反身"这个心理动作，持续地觉察自己全身的感受，关注那些隐含于内在却没有意识到的内容,用心去感受流动于当下的各种体验,最终生成一个对当下情境的领悟,并明确下一刻所要采取的行为。这就如同我们用相机拍照时,会有一个由模糊到清晰的聚焦过程。这个心理过程没有什么词可以描述,简德林创造了一个新词"felt sence",现在国内一般翻译为"体会"。简德林说:"当有些事不对劲时,你的身体马上就能感觉到并立刻进行一系列的修复工作。你的身体知道自己的最佳状态是怎样的,会通过不断地检查和调整,尽可能地接近最佳状态。"[1]

简德林曾经用一个每个人都可能遇到经验,来说明这种"体会"的感觉以及随之而来的身心变化。那就是当你意识到忘记什么事情,却又偏偏想不起来时带给你的那种感受。比如,当你要出远门去看一个亲戚时,在你登上飞机或者坐在火车的座位上时,却觉得似乎忘记了什么,你被一种隐隐的不舒服的感觉抓住,你忍不住开始在脑海不停地搜索,想明白自己到底是怎么了。你想来想去不知道那是什么的时候,也许你会试着找个别的理由搪塞过去,或者试着将它压制住,或者干脆不去管他。但这些并不管用,那种隐隐的不舒服的感觉还是抓着你,于是你又不自觉地开始寻找答案,也许你会突然想到:"啊,对了,我忘记和某某告别了。"于是你的头脑觉得找到答案了,然而你的身体还没有放过你,那种隐隐的不舒服的感觉还是紧紧地抓着你,似乎你的身体在告诉你,你所惦记的事情并不是和谁告别的事情。这时候,似乎是身体知道你忘记了什么,而你自己却弄不清楚。有时候这种感觉会变得十分模糊,另一些时候却又很强烈。但是,在某个时刻,你会突然灵光一闪,想起来:"对了,答应带给亲戚的东西忘记拿了。"瞬间你的身体放松了,整个头

---

[1] 尤金·简德林. 聚焦心理. 王一甫, 译. 上海:东方出版中心,2009:68.

脑心胸变得开朗明亮起来，于是你知道，自己一直在惦记的事情到底是什么，你身心有一种"呼"的一下松了口气、如释重负的感觉。尽管你之后可能又要考虑怎么去面对见到亲戚时的尴尬局面，但至少在这一刻，你感到很轻松、很明朗。

为什么身体会有这种超越思维的能力呢？简德林认为，我们的身体先于我们的感官和头脑，身体是自然地在与环境互动并成长的，并紧密地嵌入环境中，人的行为并非如我们自认为的那样，是我们想好才行动的，而是身体在与环境的互动中，已经自然而然地去做，就像是植物的种子不需要有人给它安排，它自然会向着一个最好的方向去伸展。

罗杰斯回忆在他的童年时代，在地下室看到储存了一个冬天的土豆正在发出嫩芽，那些白色的小芽或长或短，或大或小，但都在奋力地向着遥远的窗口生长。这成为罗杰斯定义"实现倾向"的记忆来源，一切有机物，包括人，都在"奋力地去成为"那个未知的自己。日本关西大学的池见阳教授对此补充说，"土豆的这种'奋力成为'并不是独立于地下室的阳光、空气、湿度和温度的，土豆的光合作用会微妙地影响储藏室的空气，更多的氧气被释放出来，这又会微妙地影响其他的植物、霉、微生物以及地下室的所有生命体。反过来，其他地下室里的生命体又会微妙地影响土豆的生长。共同身体过程提醒我们，所有事物会被所有事物所影响"。并且这种影响并非只是客观的相互影响，而是你中有我，我中有你的相互融入[1]。

池见阳进一步举例说：一群沙丁鱼在捕食者来临的时候，会即时地一起作出反应，整个鱼群都会立即转向，或者立刻分成两股鱼

---

[1] 池见阳.倾听·感觉·说话的更新换代——心理治疗中的聚焦取向.李明，译.北京：中国轻工业出版社，2017: 257.

群，这其中没有统一安排和指挥，但很协调地发生着。看起来鱼群就像是一个大的个体。每条沙丁鱼的行为都在构成整个鱼群的行为，而鱼群整体的行为同时也在构成每条沙丁鱼的个体行为。如果把这样的视角推而广之，洋流、潮汐、水温、其他的鱼、天空中的鸟、气候、季风以及更多更多的东西都会影响到鱼群，相应地，也就包含在每条鱼的行动中。反过来，鱼群的行动也影响到了洋流、潮汐、水温、其他的鱼、天空中的鸟等更多的东西。所有东西都不是单独地存在。于是万物在宇宙中，宇宙在万物的身体中。[1]

聚集哲学的这种整体观与儒家万物一体的思想可以说如出一辙，在这种宏观背景下，个体通过反身，以身体的智慧与环境进行互动，并生成下一步的决定和行为，两者可以说是不谋而合。池见阳在《聚焦的源流》一文中说："身体与环境、与对人来说的情境，成为一体在活着，并要活向前"，这个"活向前"或者"指向未来的形态"，都是一种由当下一刻生成下一刻，由现在生成未来。当一个人感到肚子饿了时，他会有一个空腹的身体体会，当接触到这个体会后，可能想到要吃日本料理，然后他就向外面的日本料理店走去，此时，头脑中想要吃日本料理的理由有很多。然而，当走在街上路过中国饭馆时，中国菜的味道进入了身体，这时身体就可能产生要吃"糖醋肉"的体会，而此时，"不要吃日本料理，而要吃中国菜"也会有很多理由。也就是说理由总是在身体之后，"人生的存在状态既不由过去决定，也不由未来决定"，而是由当下一刻身体与环境互动产生的。

对于当下一刻这种身体与环境互动所暗示的，并不是能够被直

---

[1] 池见阳.倾听·感觉·说话的更新换代——心理治疗中的聚焦取向.李明,译.北京：中国轻工业出版社，2017: 251.

接理解，用简德林的聚焦哲学来表述，这是"暗在"被"明在"化的过程，就是原来模糊的、混沌的身体感受，被表达出来。而在新儒学当中，这个过程显得更简捷，就是"直觉"。

直觉的利钝

通常我们感到还有些事情没有完成，或者事情存在什么问题时，我们都会隐隐有一种"不太对劲"的感觉，整个身体包括头脑在内，都是一种模模糊糊的、不舒畅的感受，但我们又说不出来，不明白是怎么回事，这是聚焦"体会"的重点。这种"不对劲"在中文的语境里，就是一种"不安"的感觉。在《论语》当中，记载了一段关于孔子和其弟子宰予讨论三年之丧的对话，提到过这种"不安"。

宰予请教孔子说："为父母守丧三年，时间未免太长了。君子三年不举行礼仪，礼仪一定会荒废；三年不演奏音乐，音乐一定会散乱。旧谷吃完，新谷也已收获；打火的燧木轮又用了一次。所以守丧一年就可以了。"孔子说："守丧未满三年，就吃白米饭，穿锦缎衣，你心安不安呢？"宰予说："心安。"孔子说"你要是心安，那你就那样做吧，君子居丧守孝，吃美味不觉香甜，听音乐不觉快乐，住好房子不觉安适，所以不那样做。如今你心安，就去做吧！"宰予出去后，孔子说："宰予不仁啊！孩子生下三年之后，才能脱离父母的怀抱。为父母守孝三年，是天下通行的丧礼。难道宰予没从父母那里得到过三年的爱护抚育吗？"

这里，宰予认为守丧三年时间太长，并且理由也很充分，因为太耽误事情，我们现在也已经废止了这样的礼制。但在当时，三年之丧是天下通行的礼制，他这么问就显得另类一些。不过孔子并没有就道理上和宰予进行辩驳，只是问宰予是否"心安"，而对于宰予

"心安"的回答，孔子也没有强求他必须要遵守三年之丧，只是让他"心安"就去做，不过仍然给了宰予一个"不仁"评价。

梁漱溟说宰予是个"情感薄、直觉钝"的人，因为宰予在这件事情上，完全是出于利益考虑而作出的理智化评判，却没有从情感上体会这件事。孔子认为三年之丧之所以合理，是因为父母去世，作为一个人的普遍感情就会"食旨不甘，闻乐不乐，居处不安"很长时间，但宰予却没有这样的感觉，单从功利的角度去考虑问题。如果宰予是个直觉敏锐的人，那么他就会觉得"不安"，就会了解三年之丧是顺应着人情而来的真正意义。对于"情感薄、直觉钝"的人，礼制的形式本身就失去了意义，所以孔子虽然不高兴，还是让宰予觉得心安就去做。只是疑惑宰予是不是没有从父母那里得到过三年的爱护抚育，所以才会如此感情淡漠。

对此，梁漱溟说："儒家完全要听凭直觉，所以唯一重要的就在直觉敏锐明利；而唯一怕的就在直觉迟钝麻痹。"为什么要这样说呢？因为人如果做好事自然就心安，做了亏心事自然就心不安，这是正常的。假如，一个人做了坏事仍然心安理得，那就没了是非好恶，这个人就很危险，于人于己都不好。我们通常叫这种人"麻木不仁"，就是指这个人情感直觉太过迟钝麻痹。子贡曾经问孔子，如何才可称之为"士"，孔子说**"行己有耻"**，就是要对自己的行为活动有羞耻的意识，就是对自我行为的一个内在检测，也就是对自己内心中的"不安"有一个敏锐的察觉。

用简德林的话说："身体是自然界和宇宙中不可思议的精密体系。它的整体感觉无论是先天的还是后天的，给我们的启示要比思维或情感所能带给我们的要多得多"，"所有不好的感受就是一种向着正确方向发展的潜能，如果你给它一个空间，它就会朝着正确的方向发展。正是身体中不良感受的存在，说明你的身体其实知道什么是正确的,什么是错误的。它肯定也知道如何带来好的感觉,或者如何不唤起不好的感觉"①。罗杰斯也认为,一个人如果能够允许和动员他的整个机体和意识去参与感觉、觉察、思考每一个刺激和需求,那么他就可能在当下的情境中,完全地利用所能得到的各种信息,并使随之而来的行为变得顺遂合理。

必须承认,我们的身体是一个人的机体,既包含着各种生物性的渴望,同时,也包含着社会文化的需求,更重要的是包含着渴望提升的自己,向着更美好的方向去实现的倾向。只有通过开放身心去全面地体会和感受,我们才能在当前情境下,将一切信息同时纳入身体这个精密的自然计算器里进行处理,厘清它们复杂的关系,最终获得尽可能满足所有条件的结果。当有"不安"产生时,机体能够及时觉察,并顺势而为,只有这样,我们才有可能打破原有的惯性模式,改变习性化的问题处理方式,摆脱狭隘的理智思维,让身心获得自由发展的空间,从而带动我们向一个合理的方向发展。这不是一种预设的状态,而是自身与情境高度协调的自主状态,是一种完全自由的灵光乍现,是当下一刻的全面自觉。

相比较而言,聚焦心理有比较严密的方法步骤和推进阶段,更像一个修通的过程;而新儒家的直觉则强调随感而发、直抒胸臆,在应对具体事务时,没有反复的体察验证。应该讲,儒家的直觉更像是熟练后的聚焦。但两者都非常强调内在感受的灵敏性,需要对内在的感受有较明晰地察觉。这种对内在感受的敏锐与否,在很大程度上决定了聚焦和直觉的实际效用。

梁漱溟说,一个直觉很敏锐很强的人,就会追求心安理得,就会追求平衡,追求和谐,于是就产生相应的行为,就像他自己内心

---

① 尤金·简德林.聚焦心理.王一甫,译.上海:东方出版中心,2009:67.

希望的那样。于是别人就会觉得他是个仁德的人，认为他的行为是一种美德。其实他自己不过是将自己和万物作为宇宙整体的一部分，无往不在宇宙变化的洪流当中，他只是要在这个变化的洪流中顺势而为，符合中道罢了。其实，如果人生达到这样的境界，那就是马斯洛所说的"自我实现与超越者"，就是罗杰斯所说"充分发挥机能者"，就是荣格"自性化的人"，就是实现了健康完满人性的人。这种状态用孔子的话说就是"从心所欲不逾矩"，用马斯洛的话说就是"做健康者，为所欲为"。

一任直觉，天道流行

到这里，本书的内容就要结束了。回顾全书，我们可以了解到，人与万物本来就是一个整体，人在环境中产生发展，本身保持了与环境的良好互动，生命在这个过程中，就像植物寻找阳光一样，自然而然地向前奋进，这是一个自然的过程，不假安排和设计。所谓"天生天杀，道之理也"，万物的兴起对于宇宙来说并没有什么可喜悦的，万物衰亡消失，对于宇宙来说也没有什么可悲伤的，万物在其中生生灭灭，顺之者昌，逆之者亡，宇宙之道并不会对某个事物特别垂青，只是一如既往地向前演进。一切生命就在这宇宙的演进中不断奋进，以最好方式实现自己。

而作为万物之灵的人类，在这场宏大的奋进中，在自我实现的过程中，发展出了理智这一个利器，使得自己不仅能更好地适应环境，也在一点点改变着自己所处的环境。只是在人类拥有这一利器，并获得空前进化的同时，也在承受着这一利器所带来的痛苦和烦恼。当理智过胜时，我们就与宇宙产生了分裂，失去了与万物的内在联系。我们需要超越这一己之私，重新与宇宙获得内在的联系。如果我们能够运用身体的智慧，跟随直觉的指引，就能够在实现自我的同时，也实现着万物，实现着宇宙之道。

尽管我们追求一任直觉、率性而为，但这不是无条件的。直觉固然是人生来就具有的能力，不虑而知、不学而能，但人与人之间却有利钝之分。在我们的进化和成长过程中，固着了太多的习气。从最基本的生理本能，到高级的理性思维，习气贯穿了人类所有的生命活动。率性而为最大的危险是将习气当成了直觉，要保持直觉的"敏锐明利"，就要尽量减少"习气"的困扰。本书自第三章至第九章所述的内容，无论是于静中存养，还是于事上磨炼，都是为了一点一点地卸掉我们身心上的习气困扰。卸去一分"习气"，我们的直觉就"敏锐明利"一分；直觉"敏锐明利"一分，我们就离"真实的自我"近一分。每当"习气"暂时卸去，直觉明利时，就是天性自然流露的时候，就是孔颜乐处。

这个过程显然不能一蹴而就，甚至可能是永无止境的。但我们不能因为孔颜乐处不易得就感觉懈怠，那其实是对自己要求太高。所谓孔颜乐道，并不是要我们必须成为圣贤不可，而是让我们知之乐之，然后不懈地追求而已。孔子门生三千，贤者有七十二人，只有颜回能做到"三月不违"，其他的人也不过是"日月至焉"。颜回是孔子最爱的学生，被后世尊为"复圣"，已经是超凡入圣的人，他尚且如何，更何况是作为一个普通人的我们。

孔颜之乐是要在生命的每时每刻真实地面对自我，不要太多刻意地计算衡量，不要太多的意志控制，用心去体味机体能量的自由流动，充分行使天性中与生俱来的优势和潜能，对生活的每一个当下保持清醒的觉知和清新的眼光。

我们开始可能只是在很短暂时间里，能够保持自我觉知和率性自在，但如果有心修为，慢慢的时间自然会变长，间隔的时间会变短。当你能够像孔子的大多数弟子一样,每次能保持几天或是 10 多天,就已经很了不起了。如果能够进而像颜回那样每次能保持几个月,乃至更长时间,那就更加了不起。宰予虽然被孔子评价为"不仁",还因为大白天睡觉而被孔子骂"朽木不可雕也,粪土之墙不可圬也",但最终仍然位列"孔门十哲"之一,孔子掰着手指头细数自己的学生时,也不忘了宰予是"言语"科的高材生,所以宰予也算是一位"曲能有诚"的榜样。可能有时候幸亏有宰予在,让我们觉得可以对自己不必过于苛刻,可以慢慢来,一点一点地完善自己。

生命是由无数的点点滴滴的成长与变化积累起来的,每一次真诚地投入,每一个微小的进步,每一次身体力行的自新、自诚、自主,都是获得孔颜之乐的时刻。在这些微小而普通的变化中,我们品味着生命真实的快乐,享受这生生不息、新新不已的生命过程。此刻,我们无须踟蹰、无须勉强,一任自然,天性流淌,天道流行。

练习:"止定静安虑得"与聚焦六步

《大学》中说的"**知止而后有定,定而后能静,静而后能安,安而后能虑,虑而后能得**",我们应该如何来理解呢?知止的意思是要"知其所止",知道我们应该达到什么样的境界。事实上就是说话做事要能够止于自己的天性,即符合自己的天性。当我们知道应该止于何处时,我们就能够开始安定自己的内心,停止理智分析之心。当我们能够安定时,我们就会静下来,静下来后,私心杂念就没有了,也就是说心不妄动。心不妄动时,我们就会变得安稳、泰然。当我们能够安泰稳定时,真正的觉察就会浮现出来。于是我们会了解到自己真正想要的是什么,知道自己应该如何去做,才能得到我们天性所要求我们去实现的东西。

这一个过程可以是一个漫长的修行过程。龚鹏程的著作《儒门修证法要》就是以《大学》为修证的次第，如果感兴趣，可以参考练习。这个过程也可以是简短的过程，假如遇到困扰的事情，不知道该如何时，也可以先让自己的安定下来，静下心来，慢慢地让杂念妄念沉淀下去，让清明的智慧升起来，从而得到自己想要的结果。

在这里要着重介绍的是人本主义聚焦疗法的一个技术，与"止定静安虑得"的过程有一些共通之处，但更具可操作性。聚焦是一个系统的心理治疗体系，但创始人简德林为了方便来访者自助，归纳出来聚焦的6个步骤，以帮助人们自助或助人。当你觉得有什么困扰不知道应该如何解决，或者有某种情绪无法排解，或有什么事情让你难以做出决定时，你可尝试以下方法：

第一步"腾出空间"。你可以找个安静的不被打扰的地方，让身体安定下来，放松下来，然后询问自己"有什么事情困扰我？"等问题，要关注在自己的身体感受上，就像在询问自己的身体一样。当这样耐心询问之后，可能有一件事情，有时候也会有几件事情，当出现事情信息时，先不用去处理，而是将之按照轻重缓急序列搁置。通常这样开始练习时，往往就可以使身心得到一定的放松。

第二步"体会"。从刚才整理的问题当中，选择一个自己认为是最重要的，然后继续询问自己的身心："这个问题给我什么感受？"此时，不要试图用语言来回答。而是用身体去全面整体地感受这个问题，觉察与之相关的身心体会，大部分体会的位置会在胸腹部，例如心痛、闷、热、麻等，但也有个别体会产生在四肢或者头部等其他位置。"体会"的真正感觉比较接近一个人对一幅画的整体体验，而不只是对于一个局部的体验。例如"啊！这幅画让我胸中充满感动"，这就是体会；如果是"这幅画的颜色原来是以蓝色为主基调的",这就不是体会。

第三步"获得把手"。当体会产生之后,聚焦在体会上,用心去等待一个词语或一个描述的短句的出现,尝试着去轻轻地描绘体会,也可能有个别会产生一个图像来显示描述。不管产生什么,要了解这不是大脑的臆造,而是一种自发的描述。不要将意识思维强加于体会之上,而是让身心以自己的存在方式来告诉我们,体会所带来的感觉是什么;或者,你可以用一个词语轻轻的验证一下。比如,这个词是"心酸",或者是"黯淡"等。

第四步"交互感应"。即把刚才的获得的"把手"描述与体会交互感应,询问一下自己的身体体会,"这样的描述或者表达正确吗?"当表达精确时,身心会感受到某种轻微的反应。"啊,是了"的感受会油然而生。

第五步"叩问"。当交互感应获得确认时,我们就可以询问这体会,诸如"这种心酸的东西到底是什么?是什么让心酸产生?"这时候不是用思维去回答,而是叩问这体会,静静地等待它的回应。如果有头脑的分析出来,可以暂时搁置这些分析,而只是静静地与体会共处几分钟。可能在一定的时刻,一种领悟会在身心中出现,"噢!那并不是心酸,而是那时候艰难的生活。"往往伴随这样的领悟,自己全身心会感受到一种震动。

第六步"接纳"。即轻轻接受和接纳心身的变化,应该有这样一种态度:不管心身显现了什么你都应该感到高兴,因为你正和你的身体进行真诚地交流,欢迎这一切的到来。通常在这时,你会感觉到轻松,或者感觉明晰,或者如释重负等感觉。这就是你的身心发生了变化,在这种情况下,也许你已经知道你要去做什么,或者不做什么了。

聚焦疗法分解成这 6 个步骤，只是一个指南，而非硬性的规定。同时，它们其实是一个完整的过程，不要将其割裂开来看待。每个人可以依据自己的需要灵活运用，运用的关键在于，实践过程中要充分体验自己内在的流动和开放。它们通常都很容易去做，但如果你在其中一步遇到困难，不需要强硬进行，你只要简单地转移到上一步继续下去就好了。任何合适的时候，如果你有需要，也都可以回退到上一步。整个过程你可能需要多做几次，才能开始掌握其中的微妙之处。

任涛医生最近由于几件无法控制事态的事情挤在了一起，让他应接不暇，感到心力交瘁、身体沉重、胸闷、憋气、头痛。当他尝试着静下来，使用聚焦技术进行自我探索时，获得了"无力感"这个"把手"，随着聚焦的推进，任涛对无力感的感受不断地发生变化，从对无力感的不甘和纠结，慢慢转变为接纳，甚至觉得无力感也有它舒服的一面，是一种内在的力量和信号。在聚焦的最后，虽然身体仍然感到疲惫，但腹胀和胸闷的感觉消失了，内心清明而轻松。他说"虽然对于那些事情，现在还没有明确的答案，但我却能够和自己身体在一起了，而不是和大脑在一起，也不是和事情在一起""我知道了身体的要求和愿望，当我跟身体在一起的时候，好像那些事自然而然就离我远了一样，好像就不在我身上、身边了一样"。带着这种身体的智慧去对待和处理事务，显然能够更好地平衡身体与头脑、个体与事务之间的各种复杂关系。

聚焦是一个疗法，也是重要的人生哲学，如果我们能够在每一次练习当中，慢慢体会自己与环境的互动，体察与万物的互动，同样可以进乎道矣！

后　记

这本书从动笔写作到最后完成大约用了三年时间，但酝酿的时间却有十几年，因为写作的动力来源于我年轻时代的一个问题：人这辈子应该怎么活。

其实这不是我一个人的问题，我相信很多人都会在人生的某个时刻遇到这个问题，因为这是一个关乎心灵的问题。大约一百年前，也有一个人被这个问题困扰住了，这个人是梁漱溟。他敏锐地意识到，解决中国人的心灵问题，还是要用儒学的方法，而想要解释好儒学，就要说清楚儒学中的心理学。于是，在半个世纪之后，他写成了《人心与人生》这本书，构建了"人类心理学"的理论框架，试图来解决这个问题。

我认为他超前地看到了中国人的心灵问题，并提出了解决之道，只是人们还没有充分认识到这一点。而我的这本书，算是对"人类心理学"的一个普及化写作，同时也弥补了《人心与人生》当中一些悬而未决的问题。这并不表明我比梁漱溟先生高明，只是他限于时代，无法接收到更多的心理学和神经科学知识来为他的理论提供支撑，而我们现在在这方面要幸运得多。

本书是我十几年学习和思考的结晶。我相信它可以帮助人们了解，如何更好地运用儒学和现代心理学的方法来提升主观幸福感，使我们的人生更加充实和美好,这是本书出版的现实意义。

  本书的出版首先要感谢家人的支持,使我能够在有限的业余时间里心无旁骛地进行写作。也要感谢上海社会科学院出版社的周霈编辑及他的同事们,如果没有他们,可能这本书没这么容易与读者见面。特别还要感谢上海南嘉的徐钧老师,不仅在专业上给予很多提携和指导,更在百忙之中慨允作序,为本书增色不少。另外还有很多好朋友在本书写作出版过程中给予指点,值此付梓之际,向给予我帮助和支持的师友们一并致谢!

解 真
2018 年 8 月 5 日于山东威海

上海社会科学院出版社心理类图书目录(部分)

图书简介	书名与作者
有效沟通是通往咨询师职业之路的第一步。 会谈是咨询师必备的重要技能之一。这本书即面向有志成为职业咨询师的广大读者,囊括不同职业场景下成功会谈必需的步骤和技巧。书中采用的程序式学习模型已得到二十余年的培训和实践验证。	**心理会谈的基本技巧:有效沟通的程序式学习方法(第九版)** (加)戴维·R.伊凡斯 玛格丽特·T.哈恩 麦克斯·R.乌尔曼 (美)艾伦·E.艾维 著 白雪 王怡 译
书中内容译成23种文字,重印8版长销不衰,一本书掌握心理咨询核心技巧和策略。 本书是当代心理咨询大师艾伦·E.艾维的名作。书中所介绍的会谈和咨询微技巧的有效性已得到450余项以数据为基础的研究的证明。学习者可以通过阅读和实践,逐步掌握咨询的基本技能,使用倾听和影响技巧顺利完成会谈。	**心理咨询的技巧和策略:意向性会谈和咨询(第八版)** (美)艾伦·E.艾维 玛丽·布莱福德·艾维 卡洛斯·P.扎拉奎特 著 陆峥 何昊 石骏 赵娟 林玩凤 译
心理咨询师必备工作手册。 新版向广大心理咨询师提供了从业过程中一系列关键问题的个性化应对方案,助益咨询师个人发展与职业发展。本书可搭配同作者的《心理咨询导论》(第四版)学习使用。	**心理咨询师手册:发展个人方法(第二版)** (英)约翰·麦克劳德 著 夏颖 等译
 心理咨询技术的A到Z,你想知道和应该知道的都在这里! 心理咨询教授麦克劳德教授的畅销之作,提供有效帮助疲于应对日常生活问题的人们的实践方法和策略。	**心理咨询技巧:心理咨询师和助人专业人员实践指南(第二版)** (英)约翰·麦克劳德 茱莉娅·麦克劳德 著 谢晓丹 译
行为疗法从纸上到实操,只需:①翻开这本书,②阅读,③实践。 本书系统全面地介绍了当代行为疗法,囊括加速/减速行为疗法、暴露疗法、示范疗法、认知行为疗法、第三代行为疗法等。	**当代行为疗法(第五版)** (美)迈克尔·D.斯宾格勒 戴维·C.格雷蒙特 著 胡彦玮 译

(续表)

书影	简介	书目信息
	心理治疗师真的更容易变成精神病患者、瘾君子、酒鬼或工作狂？ 迈克尔·B.萨斯曼博士携近三十位资深心理治疗师、精神分析师、社会工作者详细回顾从业历程，真诚讲述亲身经历，深刻反思工作得失。	危险的心理治疗 （美）迈克尔·B.萨斯曼　主编 高旭辰　译 贺岭峰　审校
	心理治疗师在治疗你的心理问题？不，是你在治疗他。 "你为何而来？"来访者的治疗通常开始于这个问题。那么驱使治疗师选择这一职业的真正动机是什么？请带着疑问与猜想，翻开本书，寻找答案。	心理治疗师的动机（第二版） （美）迈克尔·B.萨斯曼　著 李利红　译
	65个咨询技术，总有你想要的！ 这是一本由一群心理咨询师共同编写的关于心理咨询技巧的书，每篇中作者都非常清晰地告诉你该如何操作这种技术，该注意些什么。	最受欢迎的心理咨询技巧（第二版） （美）霍华德·G.罗森塔尔　著 陈曦　等译
	揭秘"我所欲"。 本书悉心甄选了众多日常生活中的案例，从自我经历谈起，为读者清晰描绘了各种典型的动机行为。通过对情感激励的分析，逐步过渡到经典动机心理学理论。	动机心理学（第七版） （德）法尔克·莱茵贝格　著 王晓蕾　译
	用最翔实的案例告诉你，心理的"变态"是如何悄然发生的。 本书是异常心理学研究领域的经典著作，美国300多所院校均采用本书作为教材。任何一个想让自己的未来更加美好、生活更加快乐的人，都应一读本书。	变态心理学（第九版） （美）劳伦·B.阿洛伊 　　约翰·H.雷斯金德 　　玛格丽特·J.玛诺斯　等著 汤震宇　邱鹤飞　杨茜　等译
	一天最多看一篇，看多容易得精分。——豆瓣书友 本书通过丰富的案例对成人心理疾病的本质进行了生动描述，分析心理疾病是如何影响受精神困扰的人及其周围人的生活。	成人变态心理案例集 （美）欧文·B.韦纳　主编 张洁兰　王靓　译

(续表)

	家庭,你最熟悉有时却最陌生的地方,你真的了解吗? 作者全面回顾了20世纪50年代至今系统化理论发展历程中出现的核心概念和思想,囊括了该领域最新的研究和发展,让读者对家庭疗法有了一个全方位的认识。	**家庭疗法:系统化理论与实践** (英)鲁迪·达洛斯 罗斯·德雷珀 著 戴俊毅 屠筱青 译
	重温精神分析之父弗洛伊德经典之作。 本书精选弗洛伊德笔下的五个最为著名的案例:小汉斯、"鼠人"、"狼人"、施雷伯大法官和少女多拉,细致且精辟的描述和分析展现了精神分析理论和临床的基石。	**弗洛伊德五大心理治疗案例** (奥)西格蒙德·弗洛伊德 著 李韵 译
	成为一名合格的心理治疗师,你需要越过这些障碍。 作者尝试从心理咨询/治疗学员的"角度",探索专业的和个人的困难、焦虑、情感困惑和缺陷,帮助学员学会控制和改善这些困难。	**如何成为心理治疗师:** **成长的漫漫长路** (英)约翰·卡特 著 胡玫 译
	北美地区广受欢迎的心理学导论教材。 本书系统介绍了心理学基本原理,涵盖认知心理学、发展心理学、人格心理学、临床心理学、社会心理学等领域,同时联系实际生活,带领读者走进引人入胜的心理学世界。	**心理学的世界(第五版)** (美)塞缪尔·E.伍德 埃伦·格林·伍德 丹妮斯·博伊德 著 陈莉 译
	是性格决定命运,更是人格决定命运。 玛丽安·米瑟兰迪诺女士向读者介绍了人格心理学领域的基础和最新研究成果,向读者娓娓道来个体差异研究及每个人是如何成为这样的人。	**人格心理学:基础与发现** (美)玛丽安·米瑟兰迪诺 著 黄子岚 刘昊 译
	当自己或身边亲人受困于酒精成瘾,该如何找到重获清醒的方法?又该如何找回生活乐趣?本书取材自作者戈梅兹医生同法国酒精病学临床研究与互助协会超过20年的合作实践,向读者展示了一条全新、可行的酒精成瘾治疗道路。	**如何帮助酒精成瘾者:** **酒精相关障碍者陪护** **指南(第二版)** (法)亨利·戈梅兹 著 何素珍 译

(续表)

书籍简介	书名/作者
 《理解与治疗厌食症》向读者展示了如何带着希望陪伴一种痛苦,而这种痛苦往往在很久之后才能找到意义。事实上,治疗的目的不仅仅在于治愈症状,它首先关注的是这些患者生存困境的变化,让他们可以摆脱被他人控制的恐惧,从而迎接与他人的正常互动,乃至亲密互动与交往。	**理解与治疗厌食症**（第二版） （法）柯莱特·孔布　著 俞楠　译
 《理解与治疗暴食症》解答了暴食症的起源和治疗等主要问题。暴食欲望的起源是什么?这种饮食障碍是怎么发生的,又是怎么迅速发展的?它对精神生命有什么影响?暴食行为似乎是用来保护私密空间的一种方式。暴食症有可能会揭露其他秘密的存在,把我们引向情感以及人类体验的最初起源。	**理解与治疗暴食症**（第二版） （法）柯莱特·孔布　著 华淼　译
 以心理学和社会学视角,重新探究"年少轻狂" 本书立足文化背景和个体成长视角,着重探讨出现在青少年向成人过渡阶段的冒险行为问题,并对病理性冒险行为的预防与诊治给出现实而积极的建议与指导。	**青少年期冒险行为** （法）罗贝尔·库尔图瓦　著 费群蝶　译
 何处磨砺的刻刀,要在少年的身上留下疼痛的徽章? 越来越多的青少年出现自残行为,这些行为的根源往往在于家庭,而不是社会。本书建议以心理治疗结合药物治疗,制定多渠道的完整治疗方案。	**青少年期自残行为** （法）卢多维克·吉凯尔 里斯·科尔科　著 赵勤华　译
 用正确的方法,带领孩子在游戏与网络中收获快乐与成长。 本书分析了电子游戏与网络本身的特点,从精神病学角度揭示网络成瘾的原因,详细介绍以青少年为主的各类人群的网络成瘾评估方法和治疗方案。	**青少年电子游戏与网络成瘾** （法）卢西亚·罗莫　等著 葛金玲　译
 每一个来自星星的弗朗索瓦,都应遇见方法与温情并重的艾米女士。 作者用12年时间潜心为一位自闭症儿童提供咨询、治疗、训练服务,理论结合实践,向读者展示了如何实施治疗、如何与家长合作,从而帮助自闭症儿童发展、成长。	**如何帮助自闭症儿童:心理治疗与教育方法**（第三版） （法）玛丽-多米尼克·艾米　著 姜文佳　译

(续表)

	过度忧虑不仅无助于问题的解决，还会影响我们的身体健康、社会功能和整体生活质量，而这又会进一步导致我们更加忧虑。本书系统应用认知行为疗法的技术和理念，带我们深入了解忧虑产生和发展的心理过程，有针对性地制定打破忧虑循环的办法。	**克服忧虑（第二版）** （法）凯文·莫里斯 马克·弗里斯顿 著 扈喜林 译
	本系统运用认知行为疗法帮助深陷消极完美主义的人们走出困境的自助手册。本书内容的精华不在于传授具体方法和技术，而在于帮助读者根据自身特点，打造个性化、系统性的改变计划，并针对改变之旅各个阶段容易出现的问题，给予对应的支持和指导。	**克服完美主义** （英）罗兹·沙夫曼 莎拉·伊根 特蕾西·韦德 著 徐正威 译
	本书运用认知行为疗法的理念和技术，从改变我们对压力的认知和应对方式入手，帮助读者建立了一套系统的训练计划，从根本上改变我们与压力的相处方式。书中的观点不是简单地说教，而是帮助读者在了解自身情况的基础上，建立自己个性化的技巧和策略，并及时进行训练和巩固。	**克服压力** （英）李·布萝珊 吉莉安·托德 著 信乔乔 王非 吴丽妹 译
	低自尊——我们常常以"不自信""羞怯"等词来称呼它——几乎是所有人的通病。你可以坦然接受这一点，这没什么大不了的。但如果你不堪其扰，试图做点什么的时候，除了开始行动的决心，这本书里能找到你所需要的绝大多数东西。	**克服低自尊（第二版）** （英）梅勒妮·芬内尔 著 聂亚舫 译
	"双十一"你"剁手"了吗？是不是囤了一大堆根本用不到也不想扔的东西？如果是，意味着你也是囤积大军的一员。囤积点东西总让人感到安全和满足，但要是到了"癖"的程度，就不是那么回事了。这是一本不喊口号，不打鸡血，专注教你如何科学地"断舍离"的自助手册。	**克服囤积癖** （英）萨万·辛格 玛格丽特·胡珀 科林·琼斯 著 李红果 译
	黄蘅玉博士将几十年心理咨询和治疗时的生死自由谈记录在此，希望与大家一起探讨生死难题。该书分三个部分，儿童篇、青年篇、成人篇。生死是所有人迟早会面对的事实，耸立在人生终点的死亡界碑不该是令人焦虑或恐惧的刺激物，而是提示我们要更好地珍惜当下之乐的警示牌。	**你，会回来吗？** ——**心理治疗师与你对话生死** 黄蘅玉 著

(续表)

本书记录了黄蘅玉博士在加拿大从事儿童(按加拿大法律,指未满19周岁者)心理治疗工作18年所积累的丰富经验,以生动的个案展示了儿童心理治疗的规范化、人性化、团队化以及儿童特性化的工作方式。	对话孩子:我在加拿大做心理咨询与治疗 黄蘅玉　著
香港教育学院讲师与一线教师、辅导人员和社会工作者携手合作的心血结晶。收录了15个主题下的49例个案,围绕学校、家庭、环境和创伤介绍实用的青少年辅导技巧。	心理辅导个案:示例与启迪 郭正　李文玉清　主编
弗洛伊德创立精神分析是探索人性奥秘,医治心灵创伤的工具。《法华经》中也说,佛是大医王,能医众生之病,救众生之苦。近代西方的先知与远古东方的圣者,他们有什么交集?看完本书,或许你会有一些自己的理解。	当弗洛伊德遇见佛陀:心理治疗师对话佛学智慧 徐钧　著